URBAN JUNGLE STYLE

DK

URBAN JUNGLE STYLE

SO ÜBERLEBEN EXTRAVAGANTE ZIMMERPFLANZEN GARANTIERT

Tony Le-Britton

Inhalt

Meine Zimmerpflanzen und ich

← Ich ziehe bei mir zu Hause ein buntes Allerlei seltener und ungewöhnlicher Pflanzen. Sie zu pflegen und zu sehen, wie sie gedeihen, macht mir einen Riesenspaß.

Pflanzen haben in meinem Leben immer eine wichtige Rolle gespielt. Zu meinen frühesten und schönsten Erinnerungen gehören die Stunden in unserem Haus- und Schrebergarten. Ich hatte das Glück, einen Großteil meiner Kindheit bei meinen Großeltern verbringen zu dürfen, die in mir die Liebe zu Pflanzen und zum Gärtnern geweckt haben. Noch bevor ich stehen konnte, setzte mich meine Oma auf die Arbeitsbank in der Waschküche und sicherte mich mit einem Gürtel an einer Stuhllehne, sodass ich aufrecht saß und die Händchen frei hatte, um Samen zu säen und Pflanzen einzutopfen. Ich habe also schon fleißig pikiert, bevor ich überhaupt laufen konnte!

Meine Oma hat ihr Grün meist durch Aussaat vermehrt. Sie füllte den ganzen Sommer hindurch ihren Garten mit Blumen und hegte eine wunderschöne Sammlung an Zimmerpflanzen auf dem Fensterbrett. Dort gediehen sie prächtig in der hohen Luftfeuchtigkeit, für die das beständige Waschen und Trocknen von Wäsche sorgte. Mein Opa dagegen war ein Gärtner vom alten Schlag: Er zog mit Vorliebe Gemüse in perfekten, geraden, völlig unkrautfrei gehaltenen Reihen. Sein umfangreiches Gärtnerwissen hat er über Jahrzehnte von seinen Vorfahren vermittelt bekommen und durch jahrelanges Ausprobieren gemehrt.

Meine erstes Grün war ein Steingarten. Die meisten Kinder in meinem Alter – damals war ich etwa fünf – schleppten Puppen herum, aber ich hatte ein Dreirad mit Ladefläche, die ich mit Erde und Steinen füllte, um darin Glockenblumen, Hauswurz und Fetthennen zu ziehen, die ich aus Ritzen in der Mauer geborgen hatte. Dieser Minigarten war mein ganzer Stolz, aber ich kann mich noch gut an den Gestank erinnern, als ich ihn mit Wasser füllte, das anschließend tagelang darin stand. So habe ich meine erste Lektion in Sachen Wasserabzug gelernt!

Als Teenie – ich hatte mich inzwischen emotional von der Ladefläche gelöst – war ich auf das Sammeln von

Orchideen umgestiegen. Dabei blieb ich, bis ich Mitte zwanzig war. Zu meinem sechzehnten Geburtstag durfte ich mir in den Burnham Nurseries in Devon eine ganz besondere Orchidee aussuchen. Außerdem bekam ich eine weitere *Phalaenopsis* für meine Sammlung (ich besitze sie heute, sechzehn Jahre später, noch immer). Diese winzige Sammlung wuchs auf mehr als 100 Orchideen an, die meine Wohnung füllten, bis ich für sie alle – mit Ausnahme besagter *Phalaenopsis* – eine neue Heimat suchen musste, weil ich nach Südostasien umzog. Mein Aufenthalt in Asien und Reisen zu den Galapagosinseln, nach Borneo, ins Amazonasgebiet und in die Anden festigten meine Leidenschaft für Tropenpflanzen.

Als ich wieder nach Großbritannien zurückkehrte, fügte ich meiner Sammlung weitere Zimmerpflanzen hinzu. Aber erst als ich in eine Wohnung ohne Garten zog, begann ich intensiver seltene Pflanzen zu sammeln und meinen eigenen Dschungelgarten unter Dach anzulegen. Ich opferte sogar ein Gästezimmer, um dort ein begehbares Gewächshaus einzurichten, damit meine Tropenschönheiten unter optimalen Bedingungen gedeihen konnten. Ende 2021 wurde aus dem »Hobby« eine ernsthafte Beschäftigung. Bei einem Spaziergang durch meine Stadt entdeckte ich ein heruntergekommenes Ladengebäude, aus dem sich, wie mir schien, ein schönes Pflanzengeschäft zaubern ließ. Ich hatte zwar nicht unbedingt vorgehabt, ein Unternehmen zu gründen, erkannte aber dann, dass ich mich dadurch noch mehr meiner großen Leidenschaft widmen und das im Lauf der Zeit angeeignete Wissen nutzen konnte, um Pflanzen professionell zu vermehren und zu verkaufen.

Nach einer langen Renovierungsphase öffneten sich endlich die Tore zu meinem Laden, den ich *Not Another Jungle* nannte. Aus ganz Großbritannien, ja, aus aller Welt, strömten Menschen herbei, um bei der Eröffnung dabei zu sein. Ich vermehre viele der angebotenen Arten selbst. Mit dem Laden und diesem Buch will ich Pflanzenbegeisterten alle Informationen liefern, die sie brauchen, um ihre eigenen Gewächse erfolgreich zu kultivieren und sogar selbst zu vermehren. Ich will, dass sie sich genau die Pflanze aussuchen, die sich für die speziellen Wuchsbedingungen in ihrer Wohnung am besten eignet. Mein Ziel ist es, Ihnen allen das Rüstzeug zu geben, das Sie brauchen, um Zimmerpflanzen erfolgreich zu ziehen. Außerdem möchte ich, dass Sie sich intensiv mit der Pflanzenkultur befassen, sich von der Wegwerfmentalität verabschieden und dadurch unnötigen Abfall vermeiden. Denn diese grünen Lebewesen gut zu pflegen und zuzusehen, wie sie wachsen und gedeihen, ist ein Genuss, der seinesgleichen sucht. Seltene und ungewöhnliche Pflanzen erfordern oftmals mehr Zuwendung als gängiges Grün. Für all diejenigen, die auch bei Zimmerpflanzen das Besondere mögen, soll dieses Buch ein Leitfaden sein, mit dem sie das ganze Potenzial ihrer Schätze ausschöpfen.

Ich mag dieses Wirrwarr aus Farben, Formen und Texturen auf dem zweckentfremdeten Schrankteil in meinem Laden. Es sieht fantastisch aus und bietet einer Vielzahl an großen und kleinen, kletternden und hängenden Pflanzen ein Quartier.

DIE BASICS

In diesem Buch zeige ich Ihnen, wie Sie Ihre Zimmerpflanzenkultur auf ein völlig neues Niveau heben. Sie profitieren von meiner Erfahrung als Hobby- und Profigärtner und erfahren, wie Sie Pflanzen optimal pflegen und ernähren. Dazu verrate ich Ihnen die Hintergründe für die Reaktionen Ihrer Pflanzen.

Lebensräume drinnen

Ich liebe die Natur und verbinde meine Leidenschaft für das Reisen oft mit meiner Liebe zu Pflanzen. Ich sehe mir an, in welcher Umgebung sie in freier Wildbahn wachsen, und hole mir wertvolle Tipps von Einheimischen, die die jeweiligen Arten über Generationen kultiviert haben. So habe ich viel darüber gelernt, wie sie wachsen und was sie brauchen, um zu gedeihen. Aber auch die Beobachtung von Pflanzen außerhalb ihres natürlichen Lebensraums – ob an ungewöhnlichen Orten draußen, in Gewächshäusern oder sogar Wohnungen – ist ausgesprochen aufschlussreich. Manche Arten wachsen besonders gut an feuchten Stellen unter dem Laubdach im Dschungel, doch ist es auch faszinierend zu sehen, wie sie eine sonnige Ritze im Straßenpflaster oder in einer Felswand erobern.

Anregungen für mein Gärtnern hole ich mir drinnen wie draußen, denn die Kultur von Zimmerpflanzen ist nichts anderes als Gartenbau und die Wohnung nichts weiter als die Fortsetzung des Gartens draußen – allerdings eine, die mir erlaubt, Arten zu ziehen, die ich in unserem Klima draußen niemals durchbringen könnte. In der Wohnung kann ich sie das ganze Jahr wetterunabhängig genießen.

Ich möchte für diese Zimmerpflanzen den bestmöglichen Platz finden, damit sie sich buchstäblich zu Hause fühlen – andererseits aber auch nicht so wohl, dass sie alles in Beschlag nehmen! In meinem momentanen Domizil kann ich drinnen und draußen Pflanzen ziehen. Drinnen stimme ich sie auf meine Einrichtung ab und lasse ihnen optimale Pflege angedeihen, aber ohne hohe Luftfeuchtigkeit, die meinen Möbeln schaden könnte. Draußen dagegen dürfen Pflanzen in einem Gewächshaus wachsen, in dem ich für besonders hohe Luftfeuchtigkeit sorge.

Das Gewächshaus

Mein Gewächshaus ist anders als die meisten Gewächshäuser. Ich habe es in einer Garage angelegt und nach Süden ausgerichtet, sodass es das Licht und die Wärme der Sonne ausnutzt. Allerdings musste ich es isolieren, denn es kann hier sehr kalt werden und ich wollte nicht zu viel heizen. Daher habe ich die Seiten und das Dach gedämmt.

Obwohl ich das Gewächshaus beheizen kann, senke ich die Temperatur im Winter auf 10 °C. Den Pflanzen macht das nichts – sie wachsen nur etwas langsamer. Solche niedrigen Temperaturen sind sie außerdem gewohnt, denn auch im Sommer kann es hier nachts bisweilen 10 bis 15 °C kühl werden.

Dank des Gewächshauses brauche ich Begonien und ähnliche Gewächse, die viel Luftfeuchtigkeit verlangen, nicht in Terrarien und Glas- oder Plastikboxen zu züchten, die in meiner eher trockenen Wohnung fehl am Platz wären. Andere kamen in der Wohnung zwar theoretisch ohne zusätzliche Wärme und Luftfeuchtigkeit aus, doch sind sie im Gewächshaus in einer Umgebung, die ihrem natürlichen Lebensraum entspricht. Dadurch wachsen sie schneller und werden größer.

Das Gewächshaus ist die perfekte Umgebung für diese Pflanzen – und mein Sehnsuchtsort, an dem ich mich in die Tropen flüchten kann.

↑ Meine Küche. Hier habe ich jeden freien Platz mit Pflanzen gefüllt. Sie hängen von Balken und quellen aus großen Töpfen. Von links nach rechts: *Pilea glauca*, *Pseudorhipsalis ramulosa*, *Thaumatophyllum*

bipinnatifidum, *Aeschynanthus marmoratus*, *Aglaonema* 'Key Lime', *Aglaonema* 'Silver Bay', *Aglaonema* 'Peacock', *Monstera* 'Thai Constellation', *Rhipsalis baccifera* und *Monstera deliciosa*.

Seltene Pflanzen aufzutreiben und zu kaufen gehört zu meinen Lieblingsbeschäftigungen. Manchmal surfe ich durch die sozialen Medien, bis ich auf etwas stoße, was mein Interesse weckt. Dann wieder durchforste ich das Internet nach etwas Bestimmtem. In Pflanzenlisten lassen sich immer Schätze entdecken.

Aufbau einer Sammlung seltener Pflanzen

Wie man kauft, hat auch damit zu tun, warum man kauft. Vielleicht bauen Sie sich gerade eine Sammlung aus Pflanzen einer bestimmten Gattung auf oder sind Orchideenliebhaber. Möchten Sie womöglich seltene Arten auftreiben und sogar ausprobieren, ob Sie sie vermehren können? Oder spielen Sie mit dem Gedanken, Pflanzen gezielt zu vermehren, um sie zu verschenken oder zu verkaufen? Vielleicht mögen Sie Pflanzen auch einfach nur und wollen Ihre Wohnung damit dekorieren.

Ich kaufe Pflanzen oft als Investition – sowohl, um sie zu vermehren, was mir viel Spaß macht, als auch, um sie später zu veräußern. Andere wiederum ziehe ich nur für meine Sammlung. Beides überschneidet sich manchmal, etwa wenn ich etwas unbedingt für meine Sammlung möchte, aber denke, dass es sich gut vermehren und verkaufen oder tauschen ließe.

Immer wenn ich meine Sammlung vergrößere, versuche ich möglichst wenig auszugeben. Am liebsten tausche ich mit anderen Sammlern aus aller Welt. Im Internet sind viele Foren dafür entstanden, in denen ich meistens fündig werde. Probleme kann es allerdings mit illegal der Natur entnommenen Pflanzen geben (siehe Seite 171). Deshalb recherchiere ich vorher gut und versuche, verantwortungsbewusst zu kaufen.

Kauftipps

Einige seltenere Pflanzen gibt es in Gartencenter, die meisten, die ich mir kaufe, bekomme ich allerdings von Privatsammlern oder direkt von Spezialzüchtern. Auch Sie haben mehrere Optionen:

Vor Ort kaufen

Das ist die sicherste Strategie, denn so kann man sich die Pflanze genau ansehen. Prüfen Sie stets die generelle Gesundheit und suchen Sie nach Schädlingsbefall und Krankheiten. Ich werfe immer zuerst einen Blick auf die Wurzeln, denn sie sagen viel über den Zustand einer Pflanze aus. Legen Sie dazu die Hand auf die Oberfläche des Topfballens, drehen Sie den Topf um und drücken Sie ihn leicht zusammen, damit sich der Wurzelballen lockert – aber vorsichtig, damit Sie die Pflanze nicht beschädigen. Nun untersuchen Sie die Wurzeln auf Anzeichen von Schädlingen, Krankheitssymptomen oder Fäule. Gesunde Wurzeln sind weiß, kräftig und lang. Braune, brüchige Wurzeln dagegen sollten Ihre Alarmglocken schrillen lassen. Sind die Wurzeln nicht gesund, lassen Sie die Finger von dem Exemplar, ganz gleich, wie scharf Sie darauf sind.

Als Nächstes nehmen Sie die Blätter in Augenschein. Sind Spuren von Schädlingen und Krankheiten zu erkennen? Sehen Sie sich besonders die Unterseiten an, denn hier treiben sich Schädlinge bevorzugt herum. Von kranken Pflanzen würde ich die Finger lassen, aber mit den meisten Schädlingen nehme ich es zu Hause auf, sofern es sich um ein Gewächs handelt, das ich unbedingt haben will. Eine mehrwöchige Quarantäne weit weg von den übrigen Pflanzen und einige simple Pflegemaßnahmen reichen oft aus, um Probleme zu erkennen und zu behandeln (Näheres im Kapitel über Schädlinge und Krankheiten). Anschließend können Sie Ihren neu erworbenen Schatz zu den anderen stellen.

Diese *Alocasia* hat ein gesundes Wurzelsystem. Die Finger lassen sollten Sie dagegen von frisch eingetopften Exemplaren, die noch keinen Ballen gebildet haben.

← Preiswert über den Versandhandel kaufen und verkaufen lassen sich Pflanzen in Stecklingsform.

Online bestellen

Der Vorteil des Online-Kaufs liegt auf der Hand: Man hat eine wesentlich größere Auswahl an seltenen Pflanzen aus aller Welt, ohne die Wohnung verlassen zu müssen! Der Nachteil des Kaufs über das Internet ist allerdings, dass man die Pflanze erst sieht, wenn sie schon da ist, man sie also nicht prüfen kann, sondern auf Verdacht kauft.

Bestellen Sie daher nur bei zuverlässigen Anbietern oder jemandem, der von Leuten empfohlen wurde, die dort bereits eingekauft haben. Es gibt im Netz Unmengen von Betrügern – bei Pflanzen wird in großem Stil getrickst. Dabei geht es nicht nur um die Qualität, sondern auch um die Herkunft: Betrüger bieten oft Ware an, die sie illegal gesammelt haben – mit allen Umweltschäden, die das mit sich bringt (siehe Seite 171).

Ich verlange immer viele Fotos von jeder Pflanze und ihren Wurzeln. Kauft man Stecklinge, sollte man sich die Mutterpflanze zeigen lassen, um beurteilen zu können, ob sie gesund ist. Wenn Sie ein Exemplar mit chimärer Variegation (siehe Seite 145) kaufen, sollten auch Triebe und Laub der Mutterpflanze ausreichend panaschiert sein.

Seltene Pflanzen sind mitunter sehr teuer und kosten fünf- oder sogar sechsstellige Summen. Zum Glück gibt es Rares aber auch für wesentlich zivilere Preise. Wenn ein Gewächs, auf das Sie ein Auge geworfen haben, für Sie unerschwinglich ist, versuchen Sie es durch Tausch zu bekommen. Eine weitere clevere Strategie besteht darin, in Pflanzen zu investieren, von denen man weiß, dass man sie gut vermehren kann. Dann kann man sie verkaufen und mit den Einnahmen seine Wunschpflanze erwerben! Ich habe das schon immer gemacht und konnte mir so eine Sammlung zulegen, die ich mir durch Kaufen nie hätte leisten können.

Vermehrungsraum

Letztes Jahr habe ich beschlossen, mich intensiver der Pflanzenvermehrung zu widmen und dabei mit unterschiedlichen Methoden zu experimentieren. Aber weil ich ein Ordnungsfanatiker bin, wollte ich nicht überall im Haus Töpfe herumstehen haben. Deshalb habe ich sie alle in die Waschküche gestellt. Später ist mir gedämmert, dass ich damit genau den Raum nachempfunden habe, in dem ich mich als Kind so wohlgefühlt habe. Hier wasche ich meine Wäsche direkt neben dem Boiler, weshalb es immer schön warm ist, ohne dass zusätzliche Heizkosten entstehen, und kann nach Herzenslust experimentieren. Und wenn ich die Tür zumache, sehe ich das Durcheinander nicht mehr. Für die Vermehrung verwende ich durchsichtige Plastikboxen. So kann ich den Pflanzen eine warme Umgebung mit hoher Luftfeuchtigkeit bieten, ohne dass das meine Wohnung beeinträchtigt. Deshalb würde ich als Erstes in solche Boxen investieren. Den Deckel können Sie zum Umtopfen und Mischen von Substraten sowie für das Pflanzen von Stecklingen verwenden. Außerdem lassen sich zum Gießen Töpfe daraufstellen. Dadurch kann überschüssiges Wasser ablaufen, ohne dass die Pflanzen in der Box in Mitleidenschaft gezogen werden. Empfehlenswert ist ferner eine eigene Ecke für die Vermehrung. Ich schließe mich dann ein, mache Musik an und widme mich ganz der Pflanzenkultur.

→ Durch Regale mit LED-Pflanzenlampen nutze ich den verfügbaren Platz optimal und biete dem Grün beste Wachstumsbedingungen.

Auf dem Boden bleiben

Manchmal wird meine Leidenschaft für Pflanzen schon pathologisch! Ich liebe es, ihnen beim Wachsen zuzusehen und zu beobachten, wie sie sich an ihre Umwelt und die Pflege anpassen. So ist meine Sammlung im Lauf der Zeit enorm gewachsen. Seit ich allerdings meinen Laden eröffnet habe, muss ich jeden Tag außer Haus arbeiten. Das hat den Vorteil, dass ich meine Sammlung einmal sozusagen aus der Distanz und unter einem neuen Blickwinkel sehen kann. Kürzlich habe ich meinen Küchendschungel um die Hälfte reduziert. Jetzt konzentriere ich mich auf weniger Pflanzen und pflege sie dafür besser. Außerdem werden sie jetzt größer, weil sie mehr Platz haben.

Ich habe mich nie um Zahlen geschert, aber irgendwann verliert man die Bodenhaftung und den Überblick. Nun habe ich mich auf mein Ethos besonnen und kultiviere nicht mehr so viele Pflanzen, pflege sie aber dafür optimal. Ich hoffe, dass Sie beim Lesen dieses Buchs eines mitnehmen: eine Leidenschaft für Pflanzen und das Know-how, wie man sie zufrieden und gesund hält.

↑ Außerhalb meines Küchendschungels beschränke ich mich auf ein Minimum an Pflanzen und setze einfache, aber wirkungsvolle Akzente wie diese *Philodendron warscewiczii aurea*.

→ Die Blüten der *Begonia* × *albopicta* fo. *rosea* greifen den Erdton des Topfs auf und hängen über die Arbeitsplatte.

LICHT

Fast alle Lebewesen brauchen Licht. Für Zimmerpflanzen ist es das mit Abstand wichtigste Element. Stellen Sie die Pflanzen an den optimalen Platz, werden Sie mit üppigem, gesundem Laub und kräftigem Wuchs belohnt.

Die Bedeutung des Lichts

Wer gesunde Pflanzen haben möchte, muss sie der optimalen Lichtmenge aussetzen, ganz gleich, ob das Licht aus künstlicher oder natürlicher Quelle stammt. Wie wir haben auch Pflanzen Vorlieben, wenn es um Dauer und Intensität der Lichteinwirkung geht. Sie leiden, wenn sie zu viel oder zu wenig bekommen.

Viele Zimmerpflanzen wurden speziell auf ihre Fähigkeit hin selektiert, eine große Bandbreite von Lichtbedingungen zu ertragen. Die Palette reicht von der vollen Sonne in Wintergärten und auf Fensterbänken bis zur Düsternis in Zimmern mit nördlicher Ausrichtung. Trotzdem müssen wir uns noch nach ihren Bedürfnissen richten, damit sie gedeihen. Viele seltene Pflanzen sind noch nicht lange in Kultur und daher wenig angepasst. Sie brauchen ganz bestimmte Lichtverhältnisse, die man kennen und auch bieten muss.

Durch intensives Beobachten der Pflanzen in meiner Wohnung habe ich gelernt, ihre Bedürfnisse zu verstehen, und gemerkt, wie anpassungsfähig sie sind. In den sozialen Medien sehe ich diese Pflanzen weltweit an unterschiedlichsten Standorten, in den verschiedensten Klimazonen und unter allen möglichen Lichtbedingungen. Gute Gärtner wissen: Sie müssen ihrem Grün die bestmöglichen Lichtverhältnisse bieten. Egal, was man Pflanzen an Düngern, Wasser, Substraten oder sonstigen Tricks bietet, ohne ausreichendes Licht kümmern sie.

→ Direkte Sonne am Morgen lässt dieses Grün sprießen.

Fotosynthese

Warum ist Licht für Pflanzen so wichtig? Sie brauchen es für die Fotosynthese. Ohne diesen Stoffwechselvorgang kann keine Pflanze überleben. Aber er ist auch für den Kampf gegen den Klimawandel (siehe gegenüber) von entscheidender Bedeutung.

Die Fotosynthese ist ein Thema, das Sie mit Sicherheit schon im Fach Biologie kennengelernt haben. Mehr darüber zu erfahren, hat nicht nur meine Leidenschaft für Pflanzen gefestigt, sondern auch meine Hochachtung für sie wachsen lassen. Wir nutzen Pflanzen im Alltag oft als dekoratives Beiwerk in der Wohnung, ohne ihnen allzu viel Beachtung zu schenken. Dabei wandeln sie seit 500 Millionen Jahren unermüdlich Sonnenenergie um. Alles Grün ist an dieser komplexen Reaktion beteiligt, die tagsüber abläuft – das Gras, auf dem wir gehen, ebenso wie die Bäume, die uns überragen. Das gilt auch für Zimmerpflanzen, ob unter natürlichem oder künstlichem Licht.

So funktioniert Fotosynthese

Die Fotosynthese ist vereinfacht gesagt der Vorgang, mit dem eine Pflanze Lichtenergie einfängt und nutzt, um sie in Kohlendioxid (CO_2) aus der Luft und Wasser (H_2O) aus dem Substrat in Sauerstoff (O_2) und Glukose umzuwandeln. Die Glukose, eine Zuckerart, behält die Pflanze als Energie für ihr Wachstum, während sie den Sauerstoff als Abfallprodukt an die Luft abgibt. Die Stomata der Pflanze – winzige Öffnungen auf der Oberfläche – spielen dabei eine entscheidende Rolle, denn sie ermöglichen den Gasaustausch erst.

Eine weitere wichtige Rolle bei der Fotosynthese spielen die Chloroplasten. Sie wissen vielleicht noch aus dem Biologieunterricht, dass diese Bausteine der Pflanzenzellen Chlorophyll enthalten. Chlorophyll absorbiert Lichtenergie und lagert sie in Molekülen ein (siehe gegenüber), damit die Pflanze sie bei Bedarf verwerten kann.

Chlorophyll lässt Pflanzen grün aussehen, denn es absorbiert das blaue und rote Licht, während es grünes reflektiert. Manche Pflanzen scheinen kein Chlorophyll zu enthalten, weil ihre Blätter nicht grün, sondern rot oder silbern sind. Diese Färbung kann dauerhaft sein – oder vorübergehend, etwa wenn die Pflanze mit zunehmendem Alter grün wird. Aber selbst diese aus der Reihe tanzenden Gewächse enthalten Chlorophyll. Es wird bei ihnen lediglich von einem anderen Pigment überlagert.

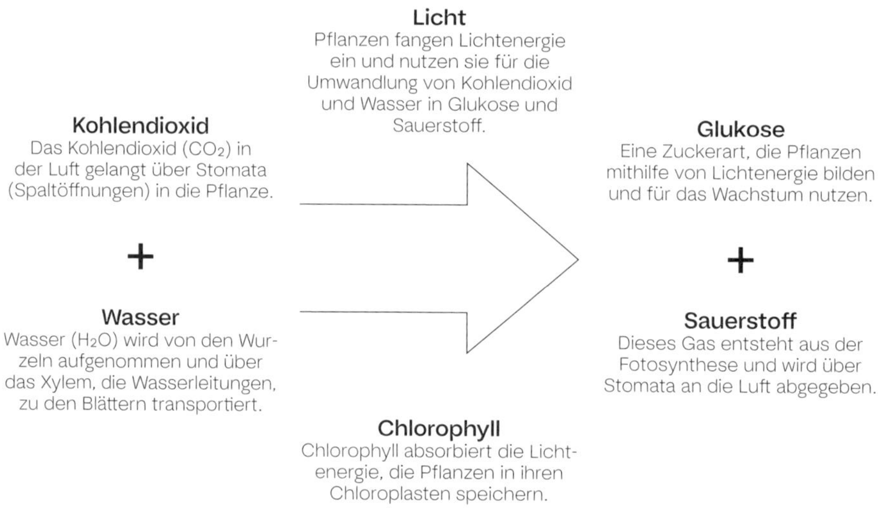

← Der Prozess der Fotosynthese

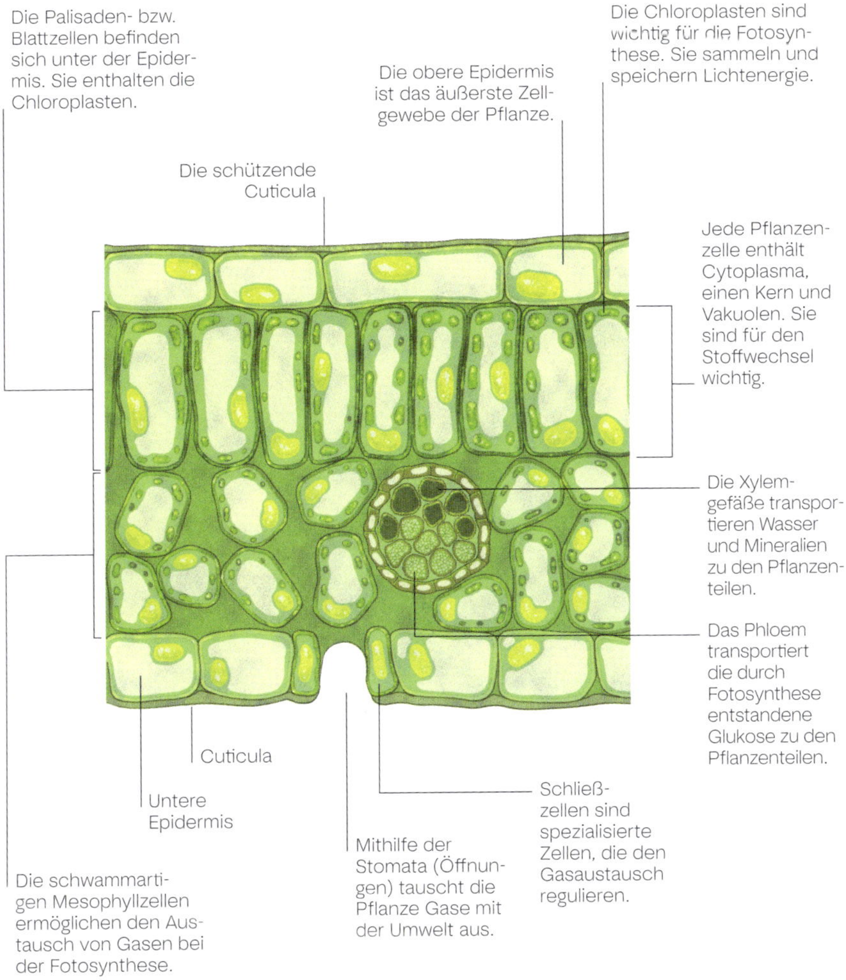

↓ Der Aufbau eines Blatts und die wichtige Rolle, die die einzelnen Bestandteile bei der Fotosynthese spielen

Warum ist Fotosynthese so wichtig?

Die Fotosynthese macht nicht nur das Pflanzenwachstum überhaupt erst möglich, sie ist auch eine unschätzbare Hilfe im Kampf gegen den Klimawandel, denn die Pflanzen holen dabei das schädliche Kohlendioxid aus der Atmosphäre. Darüber hinaus können sie das Kohlendioxid aus der Luft in Kohlenstoff umwandeln, der in den Blättern, Trieben, Wurzeln und im Boden gespeichert wird. Das nennt man Kohlenstoffbindung. Sie ist gemäß dem Kyoto-Protokoll weltweit zu fördern. Dieses internationale Abkommen zwischen den Industrienationen, die es unterzeichnet haben, zielt auf die Verringerung der Treibhausgase in der Atmosphäre und damit die Bekämpfung des Klimawandels ab.

Pflanzen sind die einzigen Lebewesen auf unserem Planeten, die Sonnenenergie in für sie verwertbare Energie umwandeln können. Damit sind sie im Ökosystem sogenannte Produzenten und autotroph, können also ihre Nahrung selbst herstellen. Die Energie, die sie aus der Sonne gewinnen, geht auf andere Lebewesen über und akkumuliert sich dort, wenn diese die Pflanzen fressen. Damit sind Pflanzen das wichtigste Glied in der Nahrungskette.

Kakteen und Sukkulenten

Es stimmt zwar, dass alle Pflanzen zur Fotosynthese fähig sind. Aber nicht alle fotosynthetisieren auf die gleiche Art und Weise.

Kakteen und Sukkulenten sind bestens an ein heißes, trockenes Klima angepasst: zum einen durch ihre Fähigkeit, Wasser zu speichern, aber auch durch die Art und Weise, wie die Fotosynthese bei ihnen abläuft. Die meisten Pflanzen haben ihre Stomata tagsüber geöffnet, damit sie Kohlendioxid (siehe Seite 26) aufnehmen können. Für Gewächse in heißen, trockenen Lebensräumen ginge dabei aber viel zu viel Wasser durch Verdunstung verloren. Also betreiben sie Fotosynthese mithilfe des Crassulaceen-Säure-Stoffwechsels (CAM).

Grundlage dieses Stoffwechsels ist nach wie vor die Fotosynthese, bei der Kohlendioxid, Wasser und Sonnenenergie in Zucker und Sauerstoff umgewandelt werden. Dennoch läuft er hier ganz anders ab. Die Pflanzen können nur tagsüber Fotosynthese treiben, wenn die Sonne scheint, und brauchen dafür Kohlendioxid. Weil aber ihre Stomata tagsüber geschlossen sein müssen, um Wasserverlust zu verhindern, lagern sie das Kohlendioxid ein, um es zu verwenden, sobald die Bedingungen günstig sind. Die Stomata öffnen sich nachts, wenn die Temperatur niedriger und die relative Luftfeuchtigkeit höher ist (siehe Seite 88), und holen sich in dieser Zeit das Kohlendioxid, das die Pflanze braucht.

Da Pflanzen aber nachts nicht zur Fotosynthese fähig sind, wandeln sie das Kohlendioxid in Apfelsäure um und speichern sie in ihren Zellen. Dort bleibt sie, bis sie im Zuge der Fotosynthese verwertet werden kann – also tagsüber, wenn genug Licht vorhanden und die Stomata geschlossen sind.

← Damit Kakteen und Sukkulenten gesund bleiben, brauchen sie viel Licht.

↓ Ich wische Staub von den Blättern meines *Philodendron* 'Jose Buono' und *Philodendron melanochrysum*.

Zu Hause

Im Freiland braucht man sich in der Regel nicht darum zu sorgen, ob Pflanzen genug Licht für die Fotosynthese bekommen, solange man sie nicht in den tiefsten Schatten setzt. In den meisten Wohnungen allerdings sind die Lichtverhältnisse alles andere als optimal. Deshalb müssen Zimmerpflanzen mit Bedacht positioniert werden.

Im Winter bekommt das Grün in meinem Haus ziemlich wenig Licht ab, denn die Sonne steht tief und scheint nur morgens kurz durch meine Fenster (sofern es nicht bewölkt ist und überhaupt keine direkten Strahlen mehr hereinfallen). Gerade in dieser Zeit ist es äußerst wichtig, so viel Fotosynthese wie möglich zuzulassen.

Wenn sich auf den Blättern Staub, eine Fettschicht und allgemeiner Schmutz bilden, verstopfen die Stomata, was Probleme verursacht. Der Gasaustausch wird verringert, aber es gelangt auch noch weniger Licht an die Blätter. Den Chloroplasten steht also nicht mehr so viel Sonnenenergie zur Verfügung, was den Gasaustausch zusätzlich senkt (siehe Seite 26–27).

Deshalb sollten Sie das Laub Ihrer Zimmerpflanzen regelmäßig reinigen, entweder indem sie es besprühen, mit Wasser abduschen oder größere, robustere Blätter vorsichtig abwischen (siehe Seite 81). Verwenden Sie niemals Öle für die Blattreinigung. Sie können die Stomata verstopfen (selbst wenn es sich um natürliche Öle handelt). Außerdem setzt sich auf einem Ölfilm mehr Staub und Schmutz fest als auf einem ungeölten Blatt. Ich verstehe, wenn manche zu Ölen oder anderen Blattglanzprodukten greifen, denn das Laub sieht dadurch schöner aus. Aber Blätter sind nicht darauf ausgelegt zu glänzen. Eine glänzende Oberfläche reflektiert Licht. Das führt dazu, dass die Pflanzen mit der Zeit weniger Sonnenenergie absorbieren und buchstäblich ausgehungert werden.

Morphologie ist, vereinfacht gesagt, die Lehre von der Form und äußeren Struktur der Pflanzen. Züchter verändern sie gern, damit sie bestimmten ästhetischen Ansprüchen genügt. Für Pflanzen aber ist sie überlebenswichtig.

Pflanzenmorphologie

Das Aussehen einer Pflanze ist nicht durch Zufall entstanden, sondern das Ergebnis einer langen Evolution, in der die Art versucht hat, Energie so effizient wie möglich zu nutzen. Mit dieser Anpassung will sie die Konkurrenz in ihrem natürlichen Habitat im Platzkampf ausstechen, aber auch ihre Chancen auf eine erfolgreiche Vermehrung erhöhen. Denn das ist letztlich das Ziel aller Lebewesen auf diesem Planeten.

Selbst unsere Kulturpflanzen haben sich viele der von der Natur erdachten Elemente bewahrt, die es ihnen ermöglichen, Licht effizient einzufangen. Diese lebenswichtigen Merkmale zu erhalten sollte das Ziel jedes Züchters sein, wenn er neue Formen entwickelt.

Laub und Licht

Größe, Form, Farbe, Textur und Reflexionsvermögen der Blattoberfläche haben einen Einfluss darauf, wie eine Pflanze Licht absorbiert. Deshalb ist das Aussehen der Blätter zum Teil eine Reaktion auf die Lichtverhältnisse im Habitat der jeweiligen Art.

Viele beliebte Zimmerpflanzen entstanden im Unterholz des Dschungels. Dort mussten sie jeden Lichtstrahl, der durch das dichte Laubdach über ihnen auf den Boden fiel, optimal nutzen. Nicht umsonst kommen in dieser Schicht viele Pflanzen mit sehr großen Blättern vor, die alles unter sich in den Schatten stellen und verdrängen.

Gleichzeitig kommen dort immer wieder Blätter mit Löchern vor, etwa von *Monstera* und *Rhapidophora*. Das wirkt auf den ersten Blick unlogisch, doch unterstützt gerade diese Fenestrierung (siehe Seite 36) die Pflanze beim Einfangen von Licht, denn die Blätter verteilen sich bei gleicher Gewebemenge über eine größere Fläche, ohne dass sie dafür mehr Energie aufwenden müssen.

Eine weitere Anpassung, die man manchmal beobachten kann, ist die Oberflächenbeschaffenheit der Blätter, die zum Beispiel runzlig, gefältelt oder gerieft sein können (siehe rechts). Bei der abgebildeten *Anthurium veitchii* × ist der Grund für das ungewöhnliche Muster noch nicht ganz klar, aber bei anderen Pflanzen vermutet man, dass sie dadurch anpassungsfähiger werden.

Wenn Pflanzen ihre Blätter auf einen optimalen Lichteinfall ausrichten, sind sie oft verletzungsanfällig, etwa durch starken Wind. Ein korrugierter Querschnitt allerdings ermöglicht selbst riesigen Blättern, frei in der Luft zu stehen und sich zugleich zu biegen, um starke Schäden zu vermeiden. Ich bin oft dankbar für diese Anpassung, wenn ich meine Pflanzen im Gewächshaus versehentlich streife. Ich drehe mich dann erschrocken um, nur um erleichtert festzustellen, dass sie keinen Schaden genommen haben!

Eine ganz besondere Art ist *Anthurium veitchii,* nicht zuletzt wegen der Art und Weise, wie ihr Laub sich bildet. Zunächst erkennt man winzige, aber voll ausgeformte und sogar schon gerippte Blätter. Selbst bei meinen großen Pflanzen sind sie anfangs gerade einmal 2 cm lang. In den folgenden Tagen und Wochen aber wachsen sie zu 1,8 m langen Riesen heran. Junglaub ist zunächst sehr weich und biegsam und hat dennoch eine Riefung. Dadurch kann es sich gut so positionieren, dass es möglichst viel Licht einfängt, und reduziert zugleich die Gefahr von Windschäden auf ein Minimum.

Wie groß Blätter werden, hängt auch vom verfügbaren Licht ab. Deshalb sollte man die Lichtstärke im Raum messen (siehe Seite 43). Wenn das Laub einer Pflanze nicht mit jedem neuen Blatt größer wird und nicht die für die Art übliche Größe erreicht, bekommt es vermutlich nicht genug Licht.

Anthurium veitchii × hat gerippte Blätter. Das macht sie flexibel und steif zugleich.

↑ Pflanzen passten und passen sich im Lauf der Evolution an ihren Lebensraum an. So entstehen unzählige Farben, Formen, Größen und Texturen. Sie tragen oft dazu bei, Licht besser zu absorbieren.

Triebe und Licht

Für die Fotosynthese brauchen Pflanzen nicht nur Blätter, auch die Triebe spielen dabei eine wichtige Rolle, vor allem dort, wo es enger zugeht, also etwa auf dem Dschungelboden. Der Grund: Triebe transportieren Blätter dorthin, wo die Lichtverhältnisse besser für sie sind (man nennt das Fototropismus – siehe rechts), also entweder nach oben und zum Licht hin (positiver Fototropismus) oder weg vom Licht an eine schattigere, lichtärmere Stelle (negativer Fototropismus).

Eine weitere faszinierende Reaktion der Triebe ist die Schattenflucht. Chlorophyll absorbiert, wie wir wissen, blaues und rotes Licht (siehe Seite 26). Eine Pflanze registriert, wie viel rotes Licht um sie herum zur Verfügung steht. Sinkt der Anteil an rotem Licht in der Umgebung, merkt sie, dass sich andere Gewächse in der Nähe befinden, und verändert ihre Form als Reaktion darauf.

In vielen Fällen führt das zu einem verstärkten Triebwachstum und kleineren Blättern. Damit versucht die Pflanze, im Kampf um das verfügbare Licht ihre Nachbarn auszustechen. Sie wird hoch, langtriebig und dünn. Sobald sie aber einen Bereich erreicht, in dem die Lichtverhältnisse besser sind, kehrt sie zu ihrer normalen Form zurück und bekommt auch wieder größeres Laub.

← Dieses neue Blatt hat bemerkt, dass andere Blätter in der Nähe sind. Es streckt seinen Stiel zum Licht und bleibt klein, damit es besser um Licht konkurrieren kann.

Fototropismus

Damit wird die durch Licht ausgelöste Wachstumsbewegung von Pflanzen bezeichnet. Sie kann positiv oder negativ sein. Positiver Fototropismus ist einfach zu erkennen – wir alle haben ihn vermutlich schon erlebt, wenn eine Pflanze zum Licht wächst. Negativer Fototropismus ist nicht so offensichtlich. Typisch ist er bei Wurzeln, die mithilfe der Schwerkraft weg vom Licht wachsen, doch kommt er auch oberirdisch vor, wenn Triebe in Richtung Schatten wachsen. Sie möchten letztlich zwar ebenfalls zum Licht, aber dazu müssen sie erst zum Schatten, zum Beispiel, um einen Baum oder eine andere vertikale Stütze zu suchen, an der sie hochranken können. Sobald sie sich erst einmal festhalten und klettern können, wachsen sie wieder zum Licht. Sie können das gut bei Ihren Pflanzen beobachten – es ist faszinierend.

Fenestrierung

Fenestrierung beschert uns einige der atemberaubendsten Blattschönheiten unseres Planeten. Pflanzen mit Blättern, die Schlitze oder Löcher bilden, gehören zu meinen Favoriten. Ich mag vor allem die stark fenestrierte *M. esqueleto* mit ihren großen asymmetrischen Löchern oder *M. obliqua* 'Filamontous', bei der die Segmente nur noch von fadendünnen Verbindungen zusammengehalten werden.

Außerdem liebe ich die Herausforderung, eine Pflanze zur Bildung immer größerer und stärker fenestrierter Blätter zu animieren. Aber bevor ich erzähle, wie das geht, lohnt es sich zu verstehen, warum Pflanzen überhaupt Lücken in den Blättern haben. Es gibt dazu viele verschiedene Theorien. Zwei der gängigsten besagen, dass Laub mit Fenstern eine größere Fläche abdeckt, was die Chancen der Pflanze verbessert, an Licht zu gelangen, ohne zusätzliches stützendes Blattgewebe entwickeln zu müssen. Der anderen zufolge lassen durchbrochene Blätter Wind durch, was die Verletzungsgefahr senkt. Es gibt noch weitere Vermutungen, doch ich persönlich glaube, dass es mehr als nur einen Faktor gibt, warum Laub löchrig wächst.

Wie aber kommt es dazu? Eine Rolle spielt der sogenannte programmierte Zelltod. Klingt gruselig, ist aber in der Natur gang und gäbe (und auch bei der Entstehung unserer Finger im Spiel). Zellen, die eine Pflanze nicht mehr braucht, begehen nach einem vorprogrammierten Schema Selbstmord. Sterben solche Zellen, hinterlassen sie Lücken (auch zwischen unseren Fingern).

Die Millionen-Dollar-Frage lautet nun, wie man eine Pflanze dazu bringt, Fenster zu bilden. Zum Glück geht das einfach: Lassen Sie Ihr Gewächs so früh wie möglich an einer Kletterhilfe hochwachsen und sorgen Sie dafür, dass es genügend Licht bekommt. So befriedigen Sie sein natürliches Bedürfnis, einen Baum zu finden und ihn zu erobern, um zum Licht zu gelangen.

Die *Monstera* 'Burle Marx's Flame' in unterschiedlichen Fenestrierungsstadien, von einem neuen Blatt zu einem alten mit ausgeprägten Löchern (von links nach rechts)

NAME *Monstera esqueleto*

FAMILIE *Aracaea*

GATTUNG *Monstera*

VERBREITUNG Unbekannt

LEBENSRAUM Unbekannt

HABITUS Kletterpflanze

TEMPERATURBEREICH 20–30 °C

LICHT 4000–16 000 Lux

SUBSTRAT Aroid-Mix bzw. Tropenpflanzensubstrat

LUFTFEUCHTIGKEIT 60 % oder mehr

WASSERBEDARF Moos feucht halten und Erde um mindestens die Hälfte austrocknen lassen

Monstera esqueleto

In den Kew Gardens bei London wächst eine *Monstera esqueleto*, deren Nachkommen inzwischen in mehreren botanischen Gärten Europas zu finden sind. Ihre Herkunft ist unbekannt, doch vermutet man, dass sie wild gesammelt wurde, obwohl darüber keine Unterlagen existieren und sie in freier Natur auch noch nicht entdeckt wurde, weshalb sie nicht voll beschrieben und als Art klassifiziert werden kann. 'Esqueleto' bedeutet auf Spanisch »Skelett«. Diesen Namen hat sie bekommen, weil die Fenestrierung ihres Laubs an einen Brustkorb erinnert. Ich habe ein Exemplar aus einem einzigen Knoten vermehrt, zu einem Prachtstück herangezogen und dabei viel gelernt. Bei der abgebildeten Pflanze handelt es sich um das obere Ende meiner Mutterpflanze. In den letzten Jahren habe ich viele Stecklinge davon genommen.

M. esqueleto ist sehr robust und wächst schön an einer Säule. Ich hoffe, dass man sie für die Massenkultur entdeckt und wie andere Arten der Familie, beispielsweise *Monstera deliciosa* und *Monstera adansonii*, immer häufiger als Zimmerpflanze antrifft. Ihre riesigen, stark fenestrierten Blätter bildet sie nur bei optimalen Lichtverhältnissen. Sie kommt zwar auch problemlos mit weniger Licht aus, doch bleiben ihre Blätter dann kleiner.

Die Versorgung von Pflanzen mit Licht ist eine Wissenschaft für sich. Pflanzen stecken zwar die unterschiedlichsten Lichtverhältnisse weg. Aber wenn sie bestens gedeihen sollen, brauchen sie die optimale Dosis.

Licht verstehen

Bei der Frage, wie viel Licht Pflanzen brauchen, sind einige falsche Vorstellungen in Umlauf. Die erste betrifft »Schattenpflanzen«. Etliche Gewächse sind im Handel als solche etikettiert, doch stimmt das nur zum Teil. Viele gedeihen zwar bei prekären Lichtverhältnissen, aber das gilt in der Regel für ihre natürlichen Lebensräume. Schatten im Freien ist heller als Schatten in Räumen. Es gibt keine Pflanze, die in sehr dunklen Zimmerecken gedeiht. Manche mögen dort überleben (oder langsam sterben), aber wohlfühlen wird sich keine. Man braucht zwar nicht immer optimale Lichtverhältnisse, aber es gibt ein paar Tricks (siehe Seite 42), mit denen man Zimmerpflanzen dazu bringt, auch bei wenig Licht gut dazustehen.

Direktes und indirektes Licht

Es gibt zwei Arten von Pflanzen, die als geeignet für dunkle Standorte angepriesen werden: Die einen überleben dort, wachsen sehr langsam und setzen vielleicht sogar gelegentlich das eine oder andere Blatt an, und die anderen sterben im Dunkeln einen langsamen Tod, etwa *Dracaena*, die früher zu *Sansevieria* gerechnet wurde. Sie stammt aus Afrika, aber nicht dem schattigen, sondern dem heißen und trockenen Afrika. Weil sie hart im Nehmen ist und sich nur sehr langsam verabschiedet, wird sie als Schattenpflanze empfohlen. Geht sie wirklich einmal ein oder wird unansehnlich, denken viele, dass sie etwas falsch gemacht haben, dabei stand sie wohl nur zu lange am falschen Ort.

Helles, indirektes Licht – diese Empfehlung sagt nicht viel aus. Würde sie stimmen, hieße das, dass fast alle Zimmerpflanzen, die mit dieser Pflegeempfehlung auf dem Etikett angeboten werden, die exakt gleichen Lichtverhältnisse bevorzugen. Das aber kann schon allein deshalb nicht der Fall sein, da sie alle aus gänzlich unterschiedlichen Lebensräumen mit entsprechend unterschiedlichem Lichteinfall stammen. Nur weil sie jetzt in einem Reihenhaus stehen, sind Millionen Jahre Evolution nicht obsolet.

Um meinen Standpunkt zu untermauern, habe ich 50 arglose Kunden als Versuchskaninchen missbraucht. Ich habe sie gebeten, mir in meinem Laden die Stelle zu zeigen, die sie als eine mit hellem, indirektem Licht bezeichnen würden. Die Ergebnisse fielen sehr unterschiedlich aus, wie man sich denken kann – allerdings mehr, als ich dachte.

Ich habe die Standorte mit einem Belichtungsmesser untersucht – die Bandbreite reichte von 500 bis 25 000 Lux. Das ist ein riesiges Spektrum mit entsprechend unterschiedlicher Wirkung auf Pflanzen. Bei 25 000 Lux würden viele Zimmergewächse hervorragend gedeihen, etliche Arten aber müsste man langsam an eine solche Dosis gewöhnen und für wieder andere wäre sie schon zu viel.

Wer also Pflanzen bei sich zu Hause aufstellt, sollte genau wissen, wie viel Licht sie in Wirklichkeit brauchen, und die Lichtintensität in seiner Wohnung deshalb auch gut einschätzen können.

In dieser dunklen Ecke verwende ich eine Pflanzenlampe, um optimale Bedingungen zu schaffen. Ansonsten hätten meine Gewächse hier keine Chance.

Die Dosis macht das Licht

Bei der Pflanzenkultur ist volle Sonne ein echter Luxus. Nur allzu oft aber werden Zimmerpflanzen aus dem direkten Licht gestellt, um nur ja keinen Schaden zu nehmen. Natürlich kann die volle Dröhnung Blätter versengen, aber ein paar Stunden Sonne in den Morgen- oder Abendstunden tun vielen Gewächsen außerordentlich gut.

Arten aus hellen Lebensräumen sind an diese Bedingungen angepasst, aber trotzdem ist Vorsicht angebracht, wenn man neu erstandene Schätze der prallen Sonne aussetzen will. Gewöhnen Sie sie allmählich an mehr Licht, damit sie schneller wachsen, größer werden und gute Widerstandskraft gegen Krankheiten entwickeln. Allerdings brauchen Pflanzen an hellen Standorten mehr Wasser. Deshalb sollte man sie im Auge behalten und nicht einfach weiterwässern wie bisher.

Bei der Bewertung der Lichtverhältnisse in Ihrer Wohnung sollten Sie vier Faktoren in Betracht ziehen:

Intensität

Wie kräftig ist das Licht? Scheint die Sonne ungefiltert und direkt auf die Pflanze? Oder wird sie von Wolken, Vorhängen und Bäumen gedämpft? Gelangt sie vielleicht sogar nur indirekt vom Fenster eines Nachbargebäudes ins Zimmer? Die meisten Pflanzen brauchen mindestens 1000 Lux (siehe gegenüber), um zu überleben, aber damit sie optimal wachsen, sollten es wesentlich mehr sein. Das Grün in meinem Haus bekommt einen Großteil des Jahres tagsüber etwa 16 Stunden Licht mit einer Stärke von 5000 bis 25 000 Lux ab, im Winter reicht für gesundes Wachstum jedoch auch weniger.

Tageslänge

Ich empfehle acht Stunden Licht täglich für Ihre Pflanzen. In manchen Ländern oder Wohnungen ist das eventuell schwer zu erreichen, doch sollte diese Tageslänge nicht drin sein, versuchen Sie die Intensität des Lichts zu steigern oder durch Lampen zu ergänzen, insbesondere wenn Sie feststellen, dass Ihre Pflanzen Symptome einer Unterversorgung zeigen (siehe Seite 46).

Farbtemperatur

Wenn Ihre Pflanzen natürliches Licht bekommen, brauchen Sie sich um die Farbtemperatur nicht viel Gedanken zu machen, denn in diesem Fall ist sie vorgegeben. Sollten Sie jedoch künstliches Licht einsetzen, besorgen Sie sich eine Lampe mit der gleichen Farbtemperatur wie natürliches Licht. Alles von 5000 bis 7000 Kelvin entspricht einem hellen, aber wolkigen Tag und fördert das vegetative Wachstum. 2000 bis 4000 Kelvin dagegen sind vorzuziehen, wenn man Blüte und Fruchtansatz vorantreiben möchte. Die Kelvinzahl ist auf der Verpackung von Lampen angegeben, sodass Sie Ihre Gewächse mit der optimalen Dosis verwöhnen können. Wer die Kelvinzahlen der jeweiligen Bereiche in seiner Wohnung kennt, kann Pflanzen punktgenau zwischen verschiedenen Standorten mit natürlichem Licht positionieren, um genau das gewünschte Wachstum zu erreichen, denn die Kelvinzahlen variieren mit dem Tagesverlauf und den Wetterverhältnissen.

Abstand

Auch wenn es offensichtlich ist, muss es gesagt werden: Wie viel Licht eine Pflanze bekommt, hängt auch davon ab, wie weit sie von der Lichtquelle entfernt steht. Je weiter weg wir sie platzieren, desto stärker verteilen sich die Protonen über eine größere Fläche, womit die Intensität nachlässt – man nennt das umgekehrte Proportionalität.

Das Verhältnis zwischen Entfernung und Intensität lässt sich mithilfe des Abstandsgesetzes exakt errechnen. Lichtenergie ist also proportional zur Entfernung von der Quelle. So wird Lichtenergie bei doppelter Entfernung über die vierfache Fläche und bei dreifacher Entfernung über die neunfache Fläche verteilt. Berücksichtigt man das, erkennt man, wie sich die Lichtverhältnisse innerhalb der Wohnung verändern, und kann Pflanzen besser so positionieren, dass sie die für sie optimale Lichtmenge erhalten.

→ Misst man die Lichtstärke zu unterschiedlichen Tageszeiten mit einem Belichtungsmesser, findet man den Idealplatz für Pflanzen.

Licht messen

Ein Belichtungsmesser ist für die Ermittlung der Lichtintensität ausgesprochen hilfreich. Früher habe ich einfach geschätzt, wie hell oder dunkel es an bestimmten Standorten ist, doch der subjektive Eindruck kann sich stark vom tatsächlichen Ergebnis unterscheiden. Ich habe das Licht an unterschiedlichen Tagen und Witterungen gemessen, um einen groben Überblick über die verschiedenen Standorte für meine Pflanzen zu bekommen, die ich nur umstelle, wenn sich die Bedingungen stark verändern. Manchmal platziere ich lichthungrige Gewächse sogar vor solche, die mit weniger auskommen, um das Licht zu filtern.

Obwohl ich nun bestens über die Lichtintensität bei mir informiert bin, probiere ich weiter herum – nicht nur mit Licht, sondern mit allen Aspekten der Zimmerpflanzenpflege. Mit Helligkeit lässt sich gut experimentieren: Man kann Pflanzen hier und dort aufstellen und beobachten, wie sie auf die jeweiligen Bedingungen reagieren. Allerdings sollte man sie mindestens einen Monat lang an einem Standort stehen lassen, um sicherzugehen, dass der vorherige nicht noch nachwirkt.

Lichtverhältnisse lassen sich bewusst manipulieren, um Pflanzen zu einem bestimmten Verhalten zu veranlassen, etwa zur Blüte, die manchmal durch die Veränderung der Lichtverhältnisse, also längere oder kürzere Tage, ausgelöst wird. Diese natürliche Veränderung kann man durch Kunstlicht oder absichtliches Verdunkeln nachempfinden.

Lux

Die Lichtstärke misst man meist in Lux. Ermittelt wird dabei nicht die Stärke der Lichtquelle, sondern wie viel Licht eine bestimmte Oberfläche erreicht. Deshalb spielt diese Maßeinheit bei der Zimmerpflanzenpflege eine wichtige Rolle. Definiert wird Lux als die Stärke, die ein Lichtstrom von 1 Lumen hat, wenn er sich auf eine Fläche von einem Quadratmeter verteilt. Sie lässt sich mit einem Belichtungsmesser ermitteln. So findet man heraus, wie hell es an einem Standort ist, und kann die dafür geeignete Pflanze auswählen. Messen lässt sich aber auch die Lichtmenge, die direkt auf das Laub fällt.

Anthurium magnificum

Diese prächtige Südamerikanerin ist ein echter Hingucker. Die Jungblätter leuchten fast im Licht. Trotzdem sollte man sie nicht anfassen, denn sie sind sehr empfindlich. Wenn sie zu ihrer endgültigen Größe heranwachsen werden sie immer dunkler bis fast schwarz. Durch diese geniale Anpassung kann das Blatt im Schatten des Dschungellaubdachs mehr Licht absorbieren. In ihrer Heimat wächst *A. magnificum* im Schatten. Trotzdem ist es dort noch immer viel heller als in den meisten Wohnungen. Damit die Pflanze ihre riesigen, samtigen Blätter bildet, stellt man sie frühmorgens oder abends in das direkte Licht. Um die Mittagszeit kann pralle Sonne das Laub allerdings versengen oder ausbleichen. Die großen Blätter brauchen viel Nahrung. Ich reichere das Substrat daher mit humushaltiger Erde an, die ihre Nährstoffe allmählich freigibt, und dünge bei jedem zweiten Wässern. Obwohl *A. magnificum* in einem luftfeuchten Lebensraum wächst, kommt sie gut ohne zusätzliches Besprühen oder Luftbefeuchten aus.

NAME *Anthurium magnificum*

FAMILIE Araceae

GATTUNG *Anthurium*

VERBREITUNG Kolumbien

LEBENSRAUM Krautschicht im Dschungel, Berghänge

HABITUS Landpflanze

TEMPERATURBEREICH 15–30 °C

LICHT 6500–16 000 Lux

SUBSTRAT Grobe Dschungelpflanzenerde

LUFTFEUCHTIGKEIT 50–80 %

WASSERBEDARF Wässern, wenn der Topf leicht ist und der Ballen sich trocken anfühlt

Wie bei allen Aspekten der Zimmerpflanzenpflege gilt: Wenn das Licht nicht ganz optimal ist, können daraus Probleme entstehen. Doch mit einigen einfachen Tricks lässt sich das problemlos korrigieren.

Im rechten Licht

In ihrem natürlichen Lebensraum passen Pflanzen sich an ihre Umgebung an, um möglichst viel Licht zu bekommen. Das machen zwar auch Zimmerpflanzen, doch sollten wir sie dabei unterstützen, vor allem wenn unsere Wohnung mit natürlichem Licht nicht gerade gesegnet ist.

Um herauszufinden, ob Ihre Gewächse mit den vorherrschenden Lichtverhältnissen zufrieden sind oder ob sie etwas Zuwendung brauchen, sollten Sie auf folgende Anzeichen achten:

Zu wenig Licht

Bekommen Pflanzen nicht genug Licht, kann das dazu führen, dass sie Krüppelwuchs entwickeln, kaum noch zulegen oder sehr lange Triebe bilden, die aber blass und schwach bleiben. Auch wenn sie sich zum Licht neigen und so versuchen, mehr Sonne zu bekommen, als ihr Standort bietet, ist das ein typisches Anzeichen für eine Unterversorgung mit Licht. Das Laub wird meist gelb und manchmal sogar schwarz oder matschig.

Ebenfalls achten sollte man darauf, ob das Substrat sehr lange nass bleibt. Das deutet zwar oft auch darauf hin, dass zu viel gegossen wurde, in manchen Fällen verrät es aber, dass eine Pflanze nicht genug Licht bekommt. Wenn sie in optimalen Lichtverhältnissen steht, ist ein Überwässern nämlich kaum möglich, da sie das Wasser im Zuge der Fotosynthese sehr schnell aufbraucht, um frischen Wuchs zu bilden. Falls Sie feststellen, dass ein Gewächs zu wenig Licht abbekommt, stellen Sie es nicht gleich an den hellstmöglichen Platz. Seine Blätter sind noch nicht an die volle Dosis gewöhnt. Erhöhen Sie die Lichtmenge allmählich, dann bilden sich frische Blätter, die besser an intensivere Helligkeit angepasst sind.

Manchmal spielen ästhetische Erwägungen bei der Standortwahl eine wichtigere Rolle als die Gesundheit, sodass Pflanzen an einem für sie zu dunklen Platz landen. Beispiel: Sie haben eine schattige Ecke oder eine dunkle Toilette, die Sie aber unbedingt mit einer Pflanze aufwerten wollen. Viele Wohnungen sind einfach nicht für Pflanzen gemacht – das heißt jedoch nicht, dass man dort gar kein Grün kultivieren kann. Ich werde in meinem Geschäft ständig darauf angesprochen und empfehle dann immer zweierlei. Erstens: Installieren Sie LED-Pflanzenlampen mit Timer. Sie sind preiswert und leicht anzubringen und eignen sich für die meisten Pflanzen. Zweitens: Wählen Sie eine robuste Art und stellen Sie sie zweimal in der Woche einen ganzen Tag lang an einen hellen Platz. Ist nicht ideal, reicht aber zum Überleben und Wachsen, wenn auch langsamer als bei optimalem Licht.

Zu viel Licht

Auch eine zu hohe Lichtintensität kann Probleme verursachen und das Laub versengen, vor allem, wenn die Temperatur auf der Blattoberfläche zu hoch wird. Das ist vielleicht nicht sofort offenkundig, doch nach Stunden oder Tagen werden Blätter gelb oder bleich, manchmal sogar braun und brüchig.

Problematisch ist es auch, wenn Pflanzen zu lange im Licht stehen. Mitunter drehen sich die Blätter von der Lichtquelle weg oder zeigen die oben erwähnten Symptome.

Eine zu hohe Lichtintensität und -dauer lassen außerdem das Substrat rasch austrocknen. Wenn die Tage also länger und wärmer werden, sollten Sie die Erde im Auge behalten und die Wassergaben anpassen.

→ Diese Hängelampen mit einem speziellen Leuchtmittel für Pflanzen sind ästhetisch und praktisch zugleich.

SUBSTRATE & UMTOPFEN

Ob Pflanzen gedeihen und von Anfang an gut aussehen, hängt vor allem von der Erde ab. Wenn Sie ihnen ihr Idealsubstrat bieten, bekommen sie alle nötigen Nährstoffe für ein gesundes, zufriedenes Leben.

Die Rolle des Substrats

Die meisten Pflanzen werden fertig eingetopft gekauft. Wenn Sie Stecklinge oder Setzlinge aber selbst eintopfen oder ältere Gewächse umtopfen, brauchen Sie das passende Wuchsmedium, sprich Substrat.

Wer weiß, wie und wo eine Art in freier Natur wächst, findet leichter den für sie passenden Platz in der Wohnung (mehr dazu auf Seite 52). Im Gegensatz zu Freilandgewächsen müssen Zimmerpflanzen allerdings mit den beengten Verhältnissen in Töpfen zurechtkommen. Deshalb sollte man ihnen wenigstens optimale Bedingungen bieten – und das fängt beim richtigen Substrat an. Bei der Zimmerpflanzenkultur lege ich viel Wert auf gesunde Erde, denn sie fördert die Entwicklung eines gesunden Wurzelsystems, das buchstäblich die Grundlage für eine gesunde Pflanze ist.

Jede Pflanze braucht ihr maßgeschneidertes Substrat, das dem in ihrer natürlichen Umgebung entspricht und zugleich den Bedingungen in geschlossenen Räumen Rechnung trägt. Dabei können Sie neben der Eignung für bestimmte Arten auch durchaus persönliche Vorlieben für Materialien und deren Verfügbarkeit berücksichtigen. Das ideale Substrat sollte dreierlei können: die Pflanze physisch stabilisieren und verankern, die Wurzeln mit Wasser versorgen und Nährstoffe liefern.

Pflanze stabilisieren

In ihrer natürlichen Umgebung kämpfen Pflanzen mit allen möglichen Widrigkeiten. Daher ist eine feste Verankerung an ihrem Standort entscheidend für ihr langfristiges Überleben. Das Dasein in freier Natur ist hart: Sie müssen Wind und Regen standhalten und mit Tieren oder anderen Pflanzen, die ihnen ihren Platz streitig machen, konkurrieren. Wenn sie aber in guter Erde wachsen, entwickeln sie ein gesundes Wurzelsystem, das sie stabil hält, sodass sie größere Blätter und Blüten tragen können. In unseren Wohnungen sind sie zwar vor vielen Gefahren geschützt, doch ein Substrat, in dem die Wurzeln gut verankert sind, sorgt für einen schönen Wuchs.

Wurzeln mit Wasser versorgen

Jede Pflanze hat ihren individuellen Wasserbedarf. Er kann von Art zu Art ganz unterschiedlich sein. Auch das Substrat spielt dabei eine wichtige Rolle. Manche Erden binden Wasser, andere lassen überschüssiges Nass durch und wieder andere können beides und sorgen so für die perfekte Feuchtigkeit.

Die Komponenten auf Seite 54–57 haben alle ganz bestimmte Eigenschaften. Durch geschicktes Kombinieren können Sie daraus ein auf die Bedürfnisse der jeweiligen Pflanze oder Ihre persönlichen Vorlieben exakt abgestimmtes Substrat mischen.

Nährstoffe liefern

Substrate versorgen unsere Pflanzen in mehrfacher Hinsicht. Organische Materialien wie Kompost und Rindenmulch zersetzen sich und geben Makro- sowie Mikronährstoffe frei (siehe Seite 54). Außerdem dienen sie nützlichen Mikroorganismen, die sie zersetzen, als Lebensraum. Das Substrat bindet ferner zugeführte Nährstoffe wie Dünger (siehe Seite 98). Mit einer Kopfdüngung verbessert man die Wasser- und Düngerspeicherfähigkeit der Erde. Wenn die Pflanze Wasser absorbiert, nimmt sie damit auch alle darin enthaltenen Nährstoffe auf.

Wurzeln sind die Lebensadern der Pflanzen. Sie stützen und versorgen sie mit Nahrung und Wasser.

Den natürlichen Lebensraum nachempfinden

Viele Pflanzen kommen mit handelsüblicher Blumenerde zurecht, schöpfen damit ihr Potenzial aber nie so aus, als wenn sie in einem auf sie zugeschnittenen Substrat wachsen würden. Stellen Sie sich vor, wir Menschen müssten allesamt in den gleichen Häusern und ohne eine Umgebung leben, die uns die freie Entfaltung als Individuen ermöglicht. Die meisten wären unglücklich und könnten nie ihre Fähigkeiten voll entfalten. Genauso ist es mit Pflanzen.

Um das passende Substrat für eine Pflanze zu finden, müssen wir uns ansehen, wie und wo sie in ihrem natürlichen Lebensraum wächst. So finden wir heraus, welche Zutaten in den Mix gehören, und können der jeweiligen Pflanze ein gedeihliches Zuhause weit weg von zu Hause schaffen. Ich fange immer mit den Basics an: Wächst die Pflanze auf dem Boden (terrestrisch) oder auf einer anderen Pflanze (epiphytisch)? Ist das geklärt, können wir unsere Optionen eingrenzen und mit den Zutaten auf Seite 54–57 das Idealsubstrat für jedes Gewächs komponieren.

Nicht vergessen darf man außerdem, dass der anvisierte Standort bei der Zusammensetzung des Substrats ebenfalls berücksichtigt werden muss. So unterscheidet sich die Mischung für eine *Monstera* in der Wohnung von der für die gleiche Pflanze in einem Terrarium oder Gewächshaus. Der Grund: Die Bedingungen sind radikal anders. Ein stark durchlässiges Substrat im Zimmer trocknet schneller aus als eines in einer Umgebung mit höherer Luftfeuchtigkeit und sollte daher Feuchtigkeit besser speichern. (Zum Mixen eines optimalen Basissubstrats und wie man es anpasst siehe Seite 58.)

← *Philodendron verrucosum* wächst im Amazonasbecken zuerst einen Baum hoch und wurzelt erst dann ein.

← *Anthurium corrugatum* ist eine terrestrische Art aus Ecuador.
→ Moose und Farne bedecken im Gebirge der Galapagosinsel Santa Cruz jeden Quadratzentimeter Fläche.

Substrate

Hier folgen einige gängige Substrate (Abbildungen auf Seite 56–57). Sie sind in Gartencentern und online erhältlich. Man kann sie kombinieren und so für jede Pflanze den perfekten Mix zusammenstellen (meine Lieblingsmischung finden Sie auf Seite 58).

1. Erde

Dieser allgemeine Begriff umfasst jedes bodenartige Material. Es kann sich aus vielen Bestandteilen zusammensetzen, meist aber bildet zersetzte organische Substanz die Basis. Jahrzehntelang wurde Torf als Blumenerde verwendet, doch inzwischen weiß man, dass Torfmoore wichtige Kohlenstoffspeicher sind und Kohlenstoffemissionen reduziert werden müssen. Deshalb wird weltweit gefordert, den Verkauf torfhaltiger Produkte zu verbieten. Es gibt bereits viele gute Alternativen aus organischen Materialien, etwa Rindenmulch, kompostierte Hackschnitzel, Kokosfasern und sogar Schafwolle. Bei vielen steht der Umweltaspekt im Vordergrund. Ich mische in meine Substrate nährstoffreichen Kompost. Er enthält nützliche Mikroorganismen und ist nicht sterilisiert.

2. Rindenmulch und Kokoschips

Zwei hervorragende Materialien für ein Orchideensubstrat und einige weitere Epiphyten. Sie können aber auch in das Substrat für andere Gewächse gemischt werden. Dank ihrer feuchtigkeitsspeichernden Eigenschaften lassen sie Wasser frei ablaufen, sodass die Wurzeln nicht faulen. Rindenmulch wird aus verschiedenen Baumarten gewonnen, während Kokosschnitzel aus der zerkleinerten Schale von Kokosnüssen bestehen. Beide können frisch oder teilweise kompostiert verwendet werden. Sie halten lange und zersetzen sich langsam. Allerdings entzieht Rinde dem Boden beim Abbau Stickstoff, weshalb man das Substrat mit Dünger versetzen muss.

3. Akadama

Akadama, Japanisch für »Rote-Kugel-Erde«, ist als Bonsaierde verbreitet. Ich habe das Substrat kürzlich entdeckt, als ich einen Begonienspezialisten in den Niederlanden besuchte. Inzwischen habe ich es für meine eigene Begoniensammlung ausprobiert – und es hat sich als überaus wertvoll erwiesen. Akadama besteht aus kleinen, getrockneten, unterschiedlich großen Tonbällchen. Sie speichern Feuchtigkeit und Nährstoffe, lassen aber das Wasser trotzdem zirkulieren, was auch für den lebenswichtigen Sauerstoff gilt. So verhindern sie, dass die Wurzeln faulen. Das kommt vor allem Begonien zugute, denn sie sind wegen der hohen Luftfeuchtigkeit, die sie brauchen, sehr anfällig dafür.

4. Vermiculit

Vermiculit speichert Feuchtigkeit besser als Perlit (siehe unten), ist aber nicht so luftdurchlässig. Es transportiert Wasser ab und hält es zugleich. Damit sorgt es für gleichbleibende Feuchtigkeit im Substrat. Es wird nicht abgebaut.

5. Perlit

Perlit ist ein natürlich vorkommendes Mineral und entsteht durch Hitzeeinwirkung. Dabei bläht es sich auf, ohne schwerer zu werden, ist also sehr leicht. Substraten gibt es Volumen und durchlüftet sie, doch haftet an der Außenseite Wasser, sodass es den Wurzeln zur Verfügung steht. Ich finde allerdings, es sieht nicht besonders schön aus. Außerdem schwimmt es beim Wässern manchmal auf der Ballenoberfläche.

6. Sand

Gartensand ist in vielen Fertigsubstraten enthalten. Er verbessert die Durchlässigkeit und eignet sich vor allem für Pflanzen aus trockenen Regionen, etwa Sukkulenten, die keine nassen Füße vertragen.

7. Kies

Ich habe angefangen, in viele meiner Substrate Kies zu mischen, vor allem, wenn sie für Pflanzen in sehr feuchter Umgebung gedacht sind, etwa in Vermehrungskästen. Kies lockert Mischungen, lässt Luft zirkulieren und verbessert die Drainage. Besonders Substrate für trockenheitsliebende Arten profitieren von Kies. Man kann ihn auch als Topfmulch einsetzen. Er senkt die Verdunstung von Wasser im Wurzelballen.

8. Moos

Moos gehört zu meinen Lieblingssubstraten, weil es so vielseitig ist. Es muss allerdings geschützt werden, weshalb ich es nie der freien Natur entnehme, sondern lebend oder getrocknet kaufe. Moos speichert Wasser fantastisch und kann pur oder als Bestandteil von Substratmischungen eingesetzt werden. Ich verwende lebendes Moos, das nachhaltig und von zugelassenen Unternehmen kultiviert wird, lasse es zu Hause weiterwachsen und verwende es bei Bedarf. Es eignet sich vorzüglich zum Einwurzeln von Stecklingen, aber auch für die Kultur älterer Pflanzen.

9. Aktivkohle

Ich verzichte auf Aktivkohle, denn meiner Meinung nach bringt sie den Pflanzen nichts. Angeblich soll sie das Substrat aber reinigen, Nährstoffe speichern und für Durchlüftung sorgen. Deshalb ist sie bei Terrarienbesitzern beliebt und wird gern in abgeschlossenen Ökosystemen eingesetzt.

10. Korkrinde

Korkrinde ist nicht nur schön anzusehen, sondern eignet sich vorzüglich für Epiphyten. Dank ihrer rauen Textur können sich Pflanzenwurzeln gut daran festhalten. Außerdem speichert sie Feuchtigkeit.

11. Pon

Pon ist ein erdfreies Pflanzsubstrat, also rein mineralisch. Es wird meist mit einem Wasserreservoir im unteren Teil des Topfs verwendet und ist in den letzten Jahren immer beliebter geworden. Ich persönlich bin kein Fan davon, denn ich finde, eine lebende Umgebung mit Substraten auf Erd- und Moosbasis ist besser für das Pflanzenwachstum.

12. Blähton

Blähton ist ein weiteres erdfreies Pflanzmedium. Als alleiniges Substrat wird es vor allem in der Hydrokultur eingesetzt. Dabei ist der Topf mit Blähton und Wasser gefüllt. Die Pflanzen absorbieren so viel Wasser, wie sie brauchen. Ich ziehe keine Hydrokulturpflanzen, aber als Zusatz zu Substraten verbessert Blähton deren wasserspeichernde Eigenschaften und belüftet sie zudem.

Kokosfaser/-torf

Kokosfaser, auch Coir genannt, lockert die Struktur von Substraten und besitzt eine hervorragende Wasserspeicherfähigkeit. In geschlossenen Räumen reagiert es meiner Erfahrung nach allerdings hydrophob (wasserabweisend), wenn man es zu stark austrocknen lässt. Viele gewerbliche Gärtner sind von Torf auf Kokosfaser bzw. Kokostorf umgestiegen. Seine Ökobilanz ist allerdings noch nicht ausreichend erforscht und umstritten. Ich bin daher auf Nummer sicher gegangen und verwende keine Kokosfasern mehr für meine Zimmerpflanzensubstrate. Als Ersatz mische ich 20 Prozent teilweise kompostiertes Farnkraut mit hinein (siehe Seite 58).

1 Erde

2 Rindenmulch & Kokoschips

5 Perlit

6 Sand

9 Aktivkohle

10 Korkrinde

3 Akadama

4 Vermiculit

7 Kies

8 Moos

11 Pon

12 Blähton

Meine Mischung

Ich verrate Ihnen mein Lieblingssubstrat. Ich mische es in einem großen Schubkarren an und verwende es mit ein paar kleinen Anpassungen für die meisten Pflanzen. Es besteht zu 20 Prozent aus einer nicht sterilisierten Mischung aus kompostierter Schafwolle und Farnkraut, zu weiteren 20 Prozent aus teilweise kompostiertem Farnkraut und zu 60 Prozent aus einer Mischung aus gleichen Teilen grobem und feinem Rindenmulch. Aus diesem Basismix kann ich für jede Pflanze ein maßgeschneidertes Spezialsubstrat zaubern.

Wenn Sie ein Gewächs eintopfen wollen, das ein stark durchlässiges Substrat braucht, schütteln Sie dieses Substrat in einer Schachtel gut. Seine größeren Bestandteile setzen sich oben auf der Mischung ab und ergeben ein grobkörniges Substrat. Ist hingegen eine stärker feuchtigkeitsspeichernde, feinere Mischung gefragt, nehmen Sie das, was sich unten abgesetzt hat. Halten Sie diese Mischung griffbereit in einer dicht verschlossenen Kiste. Dadurch bleibt sie gleichmäßig feucht und es können sich nützliche Mikroorganismen entwickeln.

TIPP Muss Ihre Pflanze nicht komplett neu eingetopft werden, kratzen Sie nur die obersten 2–3 cm vom Ballen und ersetzen Sie die Schicht durch frisches Substrat. Der Nährstoff-Booster tut der Pflanze gut.

UMTOPFEN

Wenn eine Pflanze immer kleinere Blätter bildet oder langsamer wächst, muss sie eventuell umgetopft werden. So bekommt sie mehr Platz und kann einen größeren Ballen bilden. Außerdem stehen ihr durch das frische Substrat neue Nährstoffe zur Verfügung. Wichtig: Topfen Sie die Pflanze nur in ein um ein bis zwei Nummern größeres Gefäß um, denn ist der Topf zu voluminös, besteht die Gefahr, dass man zu stark oder zu wenig wässert.

Sie brauchen Substratmischung | Größeren Topf | Wasser

1. Substratmischung für die Pflanze vorbereiten. Den Boden des neuen Topfs dünn mit einer Lage Substrat bedecken, aber so, dass der Ballen noch viel Platz hat.

2. Eine Hand auf die Ballenoberseite des alten Topfs legen. Topf umdrehen und leicht auf die Seitenwand drücken, damit der Ballen sich löst und herausrutscht.

3. Die Pflanze in den neuen Topf stellen. So platzieren, dass sie später genauso hoch steht wie im alten Topf.

4. Um den Wurzelballen herum frisches Substrat einfüllen und festdrücken. Durch Klopfen auf die Seiten oder den Boden des Topfs setzt sich das Substrat.

5. Pflanze gut wässern. Das Wasser durch den Ballen sickern lassen. Überschüssiges Wasser abfließen lassen, dann wieder an den alten Platz zurückstellen.

NAME *Monstera obliqua* 'Peruvian Form'

FAMILIE Aracaea

GATTUNG Monstera

VERBREITUNG Peru, Südamerika

LEBENSRAUM Dschungel

HABITUS Niedrige Kletterpflanze

TEMPERATURBEREICH 20–30 °C

LICHT 1000–4500 Lux

SUBSTRAT Moos oder eine grobe Tropenpflanzenmischung

LUFTFEUCHTIGKEIT 70 % und mehr

WASSERBEDARF Gleichbleibend feucht halten

Monstera obliqua 'Peruvian Form'

Monstera obliqua gilt nicht als Art, sondern als Artenkomplex, also eine Gruppe eng verwandter Pflanzen. Manche Formen von *M. obliqua* haben Blattfenster, andere nicht. 'Peruvian Form' gehört zur ersten Kategorie und ist mit ihrem stark durchbrochenen Laub die mit Abstand berühmteste und spektakulärste Form. Ihre Blattsegmente werden bisweilen nur noch von fadendünnen Brücken zusammengehalten.

Monstera obliqua ist verglichen mit anderen Vertretern der Gattung klein und eignet sich daher bestens als Zimmerpflanze. Ich kultiviere sie in lebendem Moos, das ich ständig gleichbleibend feucht halte, doch kann man sie auch in Tropenpflanzensubstrat (Aroid-Mix) ziehen. Damit sie eine optimale Luftfeuchtigkeit von 70 % bekommt, stelle ich eine Glashaube darüber. Tagsüber sorge ich für eine Temperatur von 30 °C, nachts lasse ich sie auf 20 °C fallen. Sie ist nicht so lichthungrig wie andere *Monstera*-Arten, da sie im Dschungel eher die unteren Schichten besiedelt: Im Zimmer sind daher 1000 bis 4500 Lux optimal.

Töpfe prägen nicht nur das Aussehen eines Gewächses, sondern auch seinen Wuchs. Eine gesunde, zufriedene und ansehnliche Pflanze sollte außerdem gestützt werden, vor allem wenn sie kletternd wächst.

Töpfe und Rankstäbe

Bei Töpfen habe ich einen ziemlich schlichten Geschmack: Ich mag es, wenn die Pflanze im Mittelpunkt steht. Trotzdem sollte das Gefäß die passende Form, Höhe und Beschaffenheit haben, damit die Pflanze optimale Bedingungen vorfindet.

Manche Gewächse – insbesondere Kletterpflanzen – brauchen zusätzlich eine Rankhilfe. In diesem Fall muss dem Platz Rechnung getragen werden, den die Stütze im Topf in Beschlag nimmt. Denken Sie bei der Auswahl eines Gefäßes deshalb immer daran, etwas auszusuchen, das breit genug für Pflanze und Rankhilfe ist.

Ton

Nicht glasierter Ton ist mein Lieblingsmaterial. Dank seiner porösen Beschaffenheit lässt er Luft durch und Wasser verdunsten. Besonders gut eignet er sich für Umgebungen mit viel Nässe und hoher Luftfeuchtigkeit, etwa Terrarien, Vitrinen und Gewächshäuser, denn er lindert die Folgen zu starken Gießens. Gut geeignet ist Ton deshalb auch für chronische Überwässerer. Umgekehrt aber profitieren auch Pflanzen von ihm, die es trocken mögen. Ich setze meine Pflanzen direkt in Tontöpfe mit Abzugslöchern. Abfließendes Wasser fange ich mit Untersetzern auf.

Übertöpfe

Das Gros der Pflanzen in meiner Wohnung wächst in Plastiktöpfen, die ich in dekorative

Übertöpfe stelle. So lassen sie sich wässern, ohne dass ablaufendes Wasser alles überschwemmt. Wer nicht will, dass Pflanzen im Wasser stehen, nimmt sie zum Gießen aus dem Übertopf. Ich möchte allerdings nicht, dass meine Gewächse vom Übertopf optisch übertrumpft werden, und verwende deshalb schlichte schwarze Ausführungen. Sie wärmen sich zudem in der Sonne stärker auf und speichern Wärme, was das Wurzelwachstum fördern kann – und damit gerade beim Einwurzeln von Stecklingen sehr hilfreich ist!

Hängepflanzen

Einige meiner Lieblingsgewächse wachsen in Blumenampeln. Hängepflanzen und Epiphyten (Aufsitzerpflanzen) sind darin gut aufgehoben. Auf Augenhöhe kann man sie oft sogar am besten sehen und genießen. Hinzu kommt, dass man durch Nutzung vertikaler Räume eine neue Dimension erschließt. In Blumenampeln lassen sich große Pflanzen ziehen, ohne dass sie Platz auf dem Boden in Anspruch nehmen. Weiterer Vorteil: Man kann seine Lieblinge dort aufhängen, wo sie am meisten Licht bekommen.

Stützen

Kletterpflanzen in Töpfen sollten eine Rankhilfe haben, an der sie hochklettern. Das entspricht ihrem natürlichen Verhalten und lässt sie besser wachsen, größere Blätter treiben und blühen. Anfangs müssen die Triebe an der Rankhilfe fixiert werden, bald aber klettern sie von alleine. Ich werde oft gefragt, wie sich eine Fenestrierung erreichen oder intensivieren lässt, und antworte jedes Mal: Lassen Sie Ihre Pflanze an einer Säule hochwachsen (siehe Seite 36).

Pflanzenstäbe gibt es in unzähligen Ausführungen. Im Handel werden sie oft mit Kokosfaser umwickelt angeboten; daran können Triebe sich festhalten. Allerdings speichert dieses Material Feuchtigkeit schlecht, sodass Wurzeln nicht gut eindringen und ihm Wasser und Nährstoffe entziehen können. Beliebt sind auch Moos, Filz und Rinde.

Schwarze Töpfe bilden einen Kontrast zum Laub und geben den Pflanzen Vorrang.

↑ Ton ist ein hervorragendes Topfmaterial für Leute, die gern zu viel wässern. Besonders eignet es sich für Pflanzen in einer Umgebung mit hoher Luftfeuchtigkeit. Von links nach rechts: *Pilea glauca*, *Sarracenia*, *Epipremnum pinnatum* 'Marble', *Aglaonema pictum* 'Tricolor', *Alocasia micholitziana* 'Variegata'.

↑ Stimmt man Gefäß und Klettersäule auf die Pflanzen ab, kommt das Grün besonders gut zur Geltung. Von links nach rechts: *Begonia darthvaderiana × malachosticta*, *Tradescantia zebrina*, *Alocasia melo*, *Rhaphidophora tetrasperma* 'Variegata'.

NAME *Epipremnum pinnatum* 'Cebu blue'

FAMILIE Aracaea

GATTUNG Epipremnum

VERBREITUNG Cebu, Philippinen

LEBENSRAUM Tropenwald in Gebirgsregionen

HABITUS Kletterpflanze

TEMPERATURBEREICH 15–34 °C

LICHT 5000–16 000 Lux

SUBSTRAT Lebendes Moos oder Tropenpflanzenmischung (Aroid-Mix)

LUFTFEUCHTIGKEIT 50–80 %

WASSERBEDARF Feucht halten

Epipremnum pinnatum 'Cebu blue'

Diese seltene, schöne Pflanze gehört zu den wenigen Tropengewächsen mit mattem, stahlblauem Laub, womit sie bei Sammlern äußerst gefragt ist. Jungpflanzen haben feste, lanzettliche Blätter mit intensiverer Färbung. Mit zunehmendem Alter entwickeln sie winzige Löcher und stark eingeschnittene Fenestrierungen, aber auch eine grünere Färbung, doch der stahlblaue Unterton bleibt.

Die robuste Pflanze verträgt die unterschiedlichsten Bedingungen, aber um gut zu gedeihen, braucht sie ein Gerüst zum Klettern und viel Licht. Ein heller Platz mit mehreren Stunden direkter Sonne täglich ist ideal. In Räumen lässt man das Substrat um mindestens die Hälfte austrocknen, bevor man wieder wässert. In einer sehr warmen Umgebung mit hoher Luftfeuchtigkeit hingegen kann man die Erde auch dauerhaft feucht halten. Ich gebe jedes zweite Mal einen Flüssigdünger ins Gießwasser, damit die Pflanze kräftig wächst und ihr volles genetisches Potenzial erreicht.

EINE MOOSSÄULE BASTELN

So konstruiere ich Moossäulen für meine Kletterpflanzen. Der Vorteil von Eigenkonstruktionen: Sie lassen sich leicht verlängern, wenn die Pflanze über sie hinauswächst und eine höhere Kletterhilfe braucht.

Sie brauchen: Substrat | Topf | Schwarzes oder grünes Drahtgitter | Seitenschneider | Feuchtes Moos | Kabelbinder | Kletterpflanze | Metallklammern

1. Den Boden des neuen Gefäßes wie beim Umtopfen mit etwas Substrat bedecken (siehe Seite 59). Drahtgitter für den Stab zurechtschneiden. Die Säule muss immer etwas höher als die Pflanze sein.

2. Drahtgitter halb zusammenrollen und auf eine Arbeitsfläche legen. Das Innere mit feuchtem Moos füllen. Am unteren Ende ein Stück, das so lang wie der Topf hoch ist, freilassen – es wird später im Substrat versenkt.

3. Drahtgitter ganz um das Moos rollen und schließen, sodass ein langer künstlicher Stamm entsteht. Mit Kabelbindern fixieren. Lücken durch Hineindrücken von Moos von oben in die Säule schließen.

4. Pflanze so mit Metallklammern an der Moossäule fixieren, dass die Wurzeln am unteren Ende der Säule knapp unterhalb der Stelle sitzen, an der das Moos endet.

5. Das untere, nicht mit Moos gefüllte Ende der Säule mit dem gleichen Substrat wie im Topf füllen. Säule in den Topf stecken.

6. Um die Säule und die Pflanzenwurzeln herum Erde in den Topf füllen.

Thigmomorphogenese

Diesen faszinierenden Vorgang konnte ich mit eigenen Augen an der Orchideensammlung in meiner Wohnung beobachten.

Ich hatte so viele Pflanzen, dass ich Drähte durch die Räume gespannt habe, um Töpfe daran zu befestigen. Manche baumelten sogar in Eingängen – natürlich bin ich ständig daran gestoßen, wenn ich hindurch wollte. Das Merkwürdige aber war, dass diese Pflanzen größer wurden und ein besseres Wurzelsystem hatten. Als mir das auffiel, machte ich einen Test: Ich schaukelte jede zweite Orchidee am Draht ein paarmal täglich. Auch diese bildeten mehr Wurzeln. Ich schloss daraus, dass sie auf den Luftzug oder die Bewegung dadurch reagierten, dass sie sich besser verankerten.

Als ich vor einigen Jahren dem Eden Project in Cornwall einen Besuch abstattete, fragte ich jemanden vom Gärtnerteam, wie tief die Wurzeln ihrer Bäume reichten und wie viele ihrer großen Gehölze in den Biosphären umfielen. Man sagte mir, dass sie regelmäßig die Fenster öffnen würden, um den Wind hindurchstreichen zu lassen, denn das würde die Bäume dazu bringen, mehr Wurzeln zu bilden, um stabiler zu stehen. Sie erklärten mir die »Thigmomorphogenese«, von der ich bis dato nichts gehört hatte. Sie ist die Reaktion auf mechanische Reize, ob durch Wind und Regen, Insekten oder vorbeigehende Tiere. Diese Reize verändern die Morphologie einer Pflanze (siehe Seite 30). Vielleicht haben Sie in den sozialen Medien schon Menschen gesehen, die Geigen-Feigen schütteln. Sie machen das, um das Gehölz zur Bildung von Wurzeln und eines kürzeren, kräftigeren Stamms anzuregen.

Meine frohgemut hängenden Orchideen: *Tolumnia 'Jairak Rainbow', Dendrobium unicum, Mediocalcar umboiense, Dendrobium sulcatum*

NAME *Masdevallia coccinea*

FAMILIE Orchidacea

GATTUNG *Masdevallia*

VERBREITUNG Kolumbien

LEBENSRAUM Wolken- und Nebelwälder

HABITUS Terrestrisch

TEMPERATURBEREICH 8–21 °C

LICHT 8500–16 000 Lux

SUBSTRAT Moos oder Orchideensubstrat

LUFTFEUCHTIGKEIT 60 % und mehr

WASSERBEDARF Das Substrat sollte feucht bleiben

Masdevallia coccinea

Die Kühlklimaorchidee zeichnet sich durch lange Blühdauer aus. Ihr Flor beeindruckt durch eine strahlende, fast phosphoreszierende Farbe und samtige Textur. Kühle, feuchte, gut durchlüftete Wälder sind ihr Lebensraum. Wenn Sie vergleichbare Bedingungen bei sich schaffen, wird sie bereitwillig blühen – am wahrscheinlichsten zwischen März und August, mitunter aber auch das ganze Jahr. Pflanzen Sie die Orchidee in einen höheren Topf, denn sie bildet lange Wurzeln und stemmt sich aus dem Substrat, wenn ihr das Gefäß zu flach ist. Ich bevorzuge unglasierten Ton, denn er lässt Luft im Ballen zirkulieren. Als Substrat nehme ich Moos, da es feucht bleibt und zugleich sehr wasserdurchlässig ist, vor allem im Verbund mit Ton. Sie können auch feinkörnige Orchideenerde verwenden. Sie muss aber gelegentlich ausgetauscht werden, da sie sich zersetzt und verdichtete Stellen bildet, die anfällig für Staunässe sind. Die Blätter vertragen keine direkte Sonne – ich stelle *Masdevallia coccinea* in meinem Gewächshaus auf die untersten Regalbretter. Dort ist sie vor dem Licht der Pflanzenleuchten geschützt, bekommt aber noch diffuses natürliches Licht über die Milchglasfenster.

WASSER & LUFTFEUCHTIGKEIT

Alle Pflanzen brauchen Wasser zum Leben. Um daran zu gelangen, haben sie sich an unzählige Lebensräume angepasst. Zimmerpflanzen haben naturgemäß nicht so viele Möglichkeiten, sich Wasser zu beschaffen. Deshalb müssen ihre Besitzer ran.

Wässern

Jedes Lebewesen auf der Erde braucht Wasser. Auch wir können nicht ohne das kostbare Nass existieren. Es verbindet uns mit unserem Planeten und erinnert uns daran, dass sämtliche Lebewesen auf ihm gar nicht so verschieden sind.

Pflanzen in freier Natur haben im Lauf der Evolution gelernt, Wasser optimal aufzunehmen und zu speichern. Wenn wir sie als Zimmerpflanzen ziehen, sind sie völlig auf uns angewiesen. Und natürlich geht es nicht nur darum, sie irgendwie zu wässern, sondern ihnen exakt so viel zu geben, wie sie brauchen. Dazu gehört auch ein ausreichender Wasserabzug, damit die Wurzeln nicht in der Nässe sitzen und dadurch zu faulen beginnen.

Wer Pflanzen drinnen oder auch draußen in Töpfen zieht, muss mehrere Faktoren in Betracht ziehen, um sicherzustellen, das sie nicht zu viel und nicht zu wenig bekommen. Dazu gehört das passende Gefäß (siehe Seite 62) und ein exakt auf die jeweilige Art abgestimmtes Substrat (siehe Seite 54). Eine Rolle spielen ferner auch die Lichtintensität und die Temperatur.

Wasser wird in den Vakuolen gespeichert. Enthält eine Vakuole zu wenig Wasser, schrumpft sie und erschlafft. Nimmt sie Wasser auf, wird sie größer und praller.

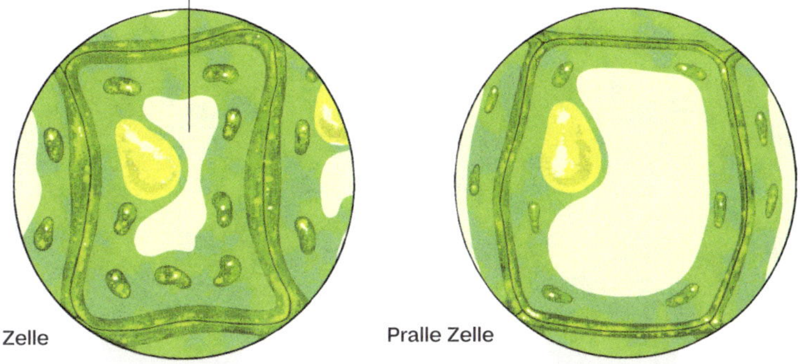

Welke Zelle

Pralle Zelle

→ Schon rein physisch ist Wasser für Zellen lebenswichtig. Ohne seine stützende Funktion würden Triebe und Blätter welken und umfallen.

Warum ist Wasser so wichtig?

Pflanzengewebe besteht bis zu 95 Prozent aus Wasser. Es wird über die Wurzeln aus dem Boden aufgenommen und über das Xylem, das mit dem Kreislaufsystem im menschlichen Körper vergleichbar ist, durch die Triebe in die Blätter geleitet. Mit dem Wasser gelangen wesentliche Nährstoffe vom Boden in das Gewebe. Dieser Cocktail wird über das Xylem im gesamten Organismus verteilt. Er unterstützt das Wachstum und hält die Pflanze gesund.

Die Pflanze braucht Wasser aber noch für weitere lebenswichtige Funktionen. So ist ohne Wasser keine Fotosynthese möglich. Während dieses Stoffwechselprozesses holt die Pflanze Kohlendioxid aus der Luft und Wasserstoff aus dem von den Wurzeln aufgenommenen Wasser und setzt dabei Sauerstoff als Abfallprodukt frei (siehe Seite 26).

Wasser erfüllt außerdem eine wichtige Stützfunktion. Die Flüssigkeit in den Zellen sorgt für die nötige Festigkeit, sodass die Pflanze aufrecht bleibt und sich zugleich im Wind biegen oder zum Licht hin neigen kann, ohne zu brechen.

Wer das Wässern vergisst, wird feststellen, dass seine Pflanzen weich und schlaff werden. Manchmal gieße ich sogar bewusst zu wenig, damit ich Triebe leichter in einen Kletterrahmen oder um einen Stab flechten kann. Klingt gemein, ist für die Pflanze aber besser, denn so bleibt sie flexibler und bricht nicht so schnell. Sobald sie fixiert ist, kann man sie wieder ausreichend wässern.

Wie viel Wasser ist genug?

Jede Pflanze hat einen ganz bestimmten Wasserbedarf. Informieren Sie sich daher immer gut darüber, wie viel Ihr Gewächs braucht. Nicht vergessen sollte man allerdings, dass sich die natürlichen Bedingungen nicht 1:1 auf Wohnungen übertragen lassen. Viele *Alocasia* etwa wachsen in ihrem natürlichen Lebensraum unter sehr nassen oder feuchten Bedingungen, bekommen dort aber auch sehr viel Licht und Wärme. Da es in den meisten Zimmern nicht so hell und warm ist wie in manchen Klimazonen, muss dort entsprechend weniger gewässert werden, wenn man verhindern will, dass die Wurzeln faulen.

Steht eine Pflanze erst einmal an einem Platz mit ausreichendem Licht müssen nur noch die Wassergaben stimmen. Wie durstig sie ist, finden Sie erst im Lauf der Zeit heraus, wenn Sie ihre Signale richtig deuten. Obwohl oft empfohlen wird, etwa einmal in der Woche zu wässern, sollte man bedenken, dass Pflanzen nicht nach einem festen Fahrplan wachsen, sodass man nicht stur nach einem festen Plan gießen sollte. Ich empfehle immer, Pflanzen wöchentlich in Augenschein zu nehmen, aber nicht zwangsläufig jedes Mal zu wässern, sondern nur, wenn es nötig ist. Ich halte meine Exemplare im Haus und im Laden eher trocken. Das mag einige verblüffen, doch vermeidet man so viele Probleme und sorgt zudem dafür, dass Luft um die Wurzeln besser zirkulieren kann.

Wann wässern?

Es gibt mehrere Anzeichen, die darauf hindeuten, dass eine Pflanze Wasser braucht. Manche sind einfach zu erkennen und narrensicher.

Sehen die Blätter nicht mehr frisch aus und wirken stumpf, ist das oft ein Hinweis auf Dehydrierung. Wenn sich in jeder Zelle zu wenig Wasser befindet, wird das Laub welk oder runzlig. Idealerweise sollte man es gar nicht so weit kommen lassen, ist es aber doch passiert, müsste sich die Pflanze nach einer ordentlichen Wasserdosis wieder erholen.

Prüfen Sie vor dem Wässern immer gut, ob die Pflanze überhaupt Nachschub braucht. Das geht am besten, indem man das Gewicht des Topfs prüft. Ein durchfeuchteter Wurzelballen ist wesentlich schwerer als ein trockener. Und es hört sich auch ganz anders an, ob man einen trockenen oder nassen Topf auf eine Fläche stellt: Enthält der Ballen viel Feuchtigkeit, klingt er dumpfer. Heben Sie kleinere Gefäße daher regelmäßig hoch: Sie bekommen bald ein Gefühl dafür und erkennen den Unterschied. Diese Methode funktioniert auch bei Blumenampeln. Langfristig sparen Sie damit Zeit.

Natürlich kann man auch einfach den Finger in das Substrat stecken, vor allem, wenn die Pflanzgefäße schwer sind. Fühlt sich die Erde feucht an, muss nicht gewässert werden. Drücken Sie aber nie nur auf die Substratoberfläche, um zu sehen, wie feucht die Erde ist – diese Methode ist zu unzuverlässig.

Zu welcher Tageszeit man Zimmerpflanzen wässert, spielt keine Rolle. Wird aber das Laub dabei nass, sollte man eher morgens gießen. So kann die Flüssigkeit im Lauf des Tages schneller verdunsten und man vermeidet, dass die Blätter zu lange feucht bleiben, denn das erhöht die Gefahr von Pilzbefall. Das gilt vor allem für kühlere, nicht ganz so helle Standorte mit schlechterer Durchlüftung. Umgekehrt besprühe ich meine Pflanzen im Gewächshaus mehrmals täglich, weil es dort sehr heiß, hell und zugig ist. Dieses Befeuchten hilft, viele Probleme zu vermeiden.

Welches Wasser?

Ich wohne in einer Gegend mit sehr hartem Wasser, gieße aber alle meine Pflanzen (mit Ausnahme der fleischfressenden) trotzdem mit Leitungswasser. Ich hatte nie Probleme deswegen und meine Pflanzen wachsen gut. Vermutlich würden sie noch besser gedeihen, wenn ich anderes Wasser verwenden würde, etwa Regenwasser oder eines, das durch Umkehrosmose aufbereitet ist. Aber gerade letztere Methode ist so arbeitsintensiv und teuer, dass sie sich für mich nicht lohnt.

Wie wässern?

Von oben oder unten wässern? Diese Frage beschäftigt Zimmergärtner von jeher. Wenn Sie mit einer der beiden Methoden gut fahren, bleiben Sie dabei, keine Frage. Aber falls Sie noch auf der Suche nach der besten sind, befassen Sie sich erst einmal mit den Vor- und Nachteilen beider Verfahren, bevor Sie sich für eines entscheiden.

Ich wässere von oben – immer, außer ich habe so lange vergessen zu gießen, dass das Substrat bereits ausgetrocknet ist und Wasser abweist. Dann wässere ich von unten, bis der Ballen sich wieder vollgesaugt hat.

Das Gießen von oben bevorzuge ich, weil ich so die volle Kontrolle habe und genau weiß, wie viel Wasser ich brauche. Außerdem habe ich dabei die Schwerkraft auf meiner Seite. Sie lässt das Wasser durch die Erde sickern und löst Gase, Salze und Dünger, die sich im Lauf der Zeit angesammelt haben und Wurzeln faulen lassen oder versengen können (siehe Seite 109).

Gerade Zimmergärtner mit größeren Beständen bevorzugen das Wässern von unten, denn damit können sie viele Pflanzen auf einmal versorgen, indem sie alle in ein großes Gefäß oder eine Kiste stellen. Man lässt die Töpfe dort einige Minuten, sodass sich das Substrat bis zur Sättigung mit Wasser vollsaugen kann.

Ich habe einmal fasziniert gewerblichen Gärtnern in den Niederlanden beim Wässern zugesehen. Sie arbeiten meist mit einem Anstausystem. Dabei wird Wasser über Düsen in Wannen im Boden oder auf Tischen gepumpt, in denen Pflanzen stehen. Die Pflanztöpfe stehen eine Weile im Wasser, bis sich die Ballen vollgesaugt haben. Dann öffnen sich Ventile und überschüssiges Nass fließt ab. Einfach, aber wirksam.

Ich persönlich finde, dass das Wässern von unten den unteren Ballen übersättigt und nur in sehr hellen, warmen, gewerblichen Gewächshäusern funktioniert.

Damit die Wurzeln nicht faulen, lassen Sie erst das Wasser vollständig ablaufen, bevor Sie den Topf wieder an seinen Platz stellen.

NAME Schlauchpflanzen

FAMILIE *Sarraceniaceae*

GATTUNG *Sarracenia*

VERBREITUNG Nord- und Südamerika

LEBENSRAUM Feuchtgebiete einschließlich Sümpfen

HABITUS Bodenpflanze

TEMPERATURBEREICH 15–30 °C

LICHT 16 000–27 000 Lux

SUBSTRAT Nährstoffarm, im sauren pH-Bereich, feuchtigkeitsspeichernd

LUFTFEUCHTIGKEIT 50 % +

WASSERBEDARF Nass

Schlauchpflanzen

Ihre Heimat sind die Sumpfgebiete Nord- und Südamerikas. Wegen des Mangels an Nährstoffen dort haben Schlauchpflanzen kannenartiges Laub entwickelt, in dem sie Insekten und sogar kleine Amphibien fangen und verdauen. Sie brauchen dauerhaft feuchtes Substrat und müssen drinnen wie draußen an einen hellen Platz in der vollen Sonne gestellt werden. Im Herbst und Winter bringt man sie an einen kühleren, aber immer noch vollsonnigen Platz. Durch diesen Temperaturrückgang und die kürzeren Tage wird eine Winterruhe ausgelöst. Schlauchpflanzen vertragen lediglich Regenwasser.

Gedüngt zu werden brauchen sie nicht, da sie sich alle Nährstoffe von den gefangenen Tieren holen. Sie locken Insekten durch das Aussehen der Schlauchöffnung an. Außerdem sondern sie ein süßes Sekret ab, das auf viele Käfer große Anziehungskraft ausübt. Die Schläuche haben eine sehr glatte Wand und nach unten gerichtete Härchen. Sobald die Beute hineinfällt, kann sie nicht mehr heraus und wird in der Flüssigkeit am Boden der Schläuche zersetzt.

Besprühen

Das Besprühen mit Wasser kann Pflanzen guttun – wie sehr, hängt aber auch davon ab, was man erreichen will. In geschlossenen Räumen verändert man den Feuchtigkeitsgehalt der Luft damit nicht lange genug, um langfristig eine positive Wirkung zu erzielen. In einem geschlossenen Ambiente wie etwa einem Terrarium oder Gewächshaus hingegen erhöht man den Wassergehalt der Luft durch Besprühen ganz ordentlich.

Sehr gut eignet sich das Besprühen zum Säubern des Laubs von Staub und anderem Schmutz. Er lagert sich auf der Oberfläche ab und da er in Zimmern nicht vom Regen weggewaschen wird, nimmt er der Pflanze irgendwann Licht weg – ausgerechnet dort, wo Licht sowieso schon Mangelware ist. Durch Abduschen im Bad oder draußen alle paar Wochen bleiben Ihre Pflanzen ansehnlich und gesund.

Weiterer Vorteil des Besprühens: Es hält Schädlinge im Zaum, zum einen, weil es sie wegschwemmt (siehe Seite 159), zum anderen, weil es einem trockenen Ambiente entgegenwirkt, in dem sich Spinnmilben von Natur aus wohlfühlen.

Achten Sie beim Besprühen darauf, dass nicht zu viel Wasser in den Topf und das Substrat läuft, wenn die Pflanze selbst nicht gewässert werden muss. Dazu können Sie das Gefäß in einen Plastikbeutel packen, den Sie am Ansatz der Pflanze zubinden. Danach dürfen Sie nach Herzenslust sprühen, dabei jedoch nicht die Blattunterseiten vergessen. Anschließend wischen Sie das Laub mit einem Mikrofasertuch ab, um verbliebene Schmutzreste und Schädlinge zu entfernen.

Ich empfehle stets, auf die Blätter lediglich Wasser und sonst nichts zu lassen. Traktieren Sie das Laub keinesfalls mit Putzmitteln oder Ölen, um es zu säubern oder zum Glänzen zu bringen. Putzmittel können die natürlichen Öle auf der Oberfläche abtragen, umgekehrt verstopft das Auftragen von Ölen die Stomata und hindert sie daran, das zu tun, wozu sie da sind. Außerdem verstauben die Blätter dadurch nur noch schneller (siehe Seite 29).

Diese Dieffenbachie ist bereits fast verdurstet. Sie lässt sich aber durch einen starken Rückschnitt in noch grünes und fleischiges Gewebe retten. Anschließend muss sie gut von unten gewässert und an einen warmen, hellen Platz gestellt werden, damit sie sich erholen kann.

Zu wenig wässern

Zu viel Wasser richtet bei Pflanzen wesentlich mehr Schaden an als zu wenig. Aber eine langfristige Unterversorgung tut ihnen natürlich auch nicht gut. Ich empfehle trotzdem, die Ballen der meisten Arten um mindestens 50 Prozent austrocknen zu lassen, bevor wieder gewässert wird.

Symptome

Einer Pflanze anzusehen, dass sie zu wenig gewässert wird, ist nicht schwer. Das Substrat ist sehr trocken und geschrumpft, sodass es sich von den Topfwänden gelöst hat. Bekommt eine Pflanze nur etwas zu wenig Wasser, werden die Blätter welk und wie die unterversorgten Triebe mitunter runzlig. Bei starkem Wassermangel färben sich Blätter und sogar ganze Pflanzenteile braun.

Rettungsmaßnahmen

Ein ordentlicher Schluck Wasser rehydriert eine Pflanze normalerweise rasch. War sie jedoch zu lange unterversorgt, muss man eventuell umfassendere Rehabilitationsmaßnahmen ergreifen. Das ist zum Glück eine unkomplizierte Angelegenheit, die die Pflanze kaum beeinträchtigt.

Wenn Sie beim Wässern feststellen, dass das Substrat keine Flüssigkeit mehr absorbiert oder sie sogar abstößt, hat es vermutlich einen hydrophoben Zustand erreicht. Es wieder zu durchfeuchten, erfordert dann etwas mehr Aufwand. Am einfachsten geht das, indem man die Pflanze ganz normal wässert – und das Ganze 30 Minuten später wiederholt. Alternativ stellt man den Topf in eine wassergefüllte Schale, damit sich das Substrat langsam von unten vollsaugt.

Am besten fährt man allerdings, wenn man es gar nicht erst so weit kommen lässt, denn irgendwann zerstört der Wassermangel auch die Mikrobiologie und Textur des Wuchsmediums. Eine frische Lage Erde auf die Oberfläche des wieder durchfeuchteten Substrats aufzutragen, hilft es zu verbessern und lohnt sich daher. Ist die Pflanze bereits stark geschädigt, schneidet man sie zurück und wässert von unten (siehe Seite gegenüber).

Zu viel wässern

Überwässern wird als häufigste Todesursache bei Zimmerpflanzen genannt. Das stimmt zwar bis zu einem gewissen Grad, doch ist der eigentliche Grund für ihr Dahinscheiden häufig der, dass die Pflanze nicht genug Licht bekommt, daher langsamer fotosynthetisiert und weniger Wasser verbraucht. Tatsächlich ist es sehr schwer, eine Pflanze zu überwässern, die optimal mit Licht versorgt wird, gut gedeiht und gesund ist.

Symptome

Es gibt mehrere Anzeichen, die darauf hindeuten, dass eine Pflanze zu stark gewässert wird. Für die meisten Gewächse ist es am besten, wenn man den Ballen zwischen dem Gießen um mindestens 50 Prozent austrocknen lässt. Ist das Substrat ständig nass, wird zu viel gewässert. Ausnahmen sind Sumpfpflanzen und die meisten fleischfressenden Arten, die konstant nasse Füße bevorzugen.

Sieht eine Pflanze ungesund aus, empfehle ich stets, als Erstes die Wurzeln zu prüfen. Sie geben viel über ihren allgemeinen Gesundheitszustand preis. Haben sie längere Zeit im Wasser gestanden, können sie faulen; sie sind dann schwarz, fühlen sich matschig an und riechen muffig. Auch den Blättern sieht man an, ob ein Gewächs überwässert wird: Wenn die Wurzeln bereits angefangen haben zu faulen, werden sie welk oder färben sich braun und schwarz.

Rettungsmaßnahmen

Wurde eine Pflanze zu stark gewässert, gibt es mehrere Möglichkeiten, die Folgen zu lindern. Lassen Sie den Ballen langsam austrocknen und ziehen Sie das Plastikgefäß aus dem Übertopf. Das verbessert die Luftzirkulation um den Ballen und beschleunigt den Trocknungsvorgang. Außerdem sollte die Pflanze an einen helleren Platz gestellt werden, damit sie stärker fotosynthetisiert (siehe Seite 26) und mehr Wasser verbraucht.

Oft merkt man erst, wenn die Wurzeln bereits faulen, dass überwässert wurde. Doch selbst in einem solchen Fall lässt sich die Pflanze noch retten (siehe Seite 87).

NAME Lebende Steine

FAMILIE *Lithops*

GATTUNG *Aizoaceae*

VERBREITUNG Südafrika

LEBENSRAUM Wüste und Trockengebiete

HABITUS Terrestrisch

TEMPERATURBEREICH 20–30 °C im Sommer, mindestens 5 °C im Winter

LICHT 27 000+ Lux

SUBSTRAT 80 % Bims, feiner Kies mit 20 % organischer Substanz

LUFTFEUCHTIGKEIT <60 %

WASSERBEDARF Völlig austrocknen lassen

Lithops

Wer wenig Zeit, aber dafür einen hellen, sonnigen Platz hat, ist mit Lebenden Steinen bestens bedient. Die anpassungsfähige Gattung wächst in freier Natur an unwirtlichen, trockenen Standorten. Ihre Vertreter bilden direkt aus der Wurzel zwei sukkulente Blätter, die hervorragende Wasserspeicher sind. *Lithops*-Kolonien fügen sich mit ihren Farben und Formen in ihre Umgebung ein und schützen sich so vor Pflanzenfressern auf Wassersuche. Dank dieser Anpassungsfähigkeit sind sie kaum zu entdecken, wenn sie nicht gerade blühen. Wer sie als Zimmerpflanzen kultivieren will, braucht extrem durchlässiges, mit etwas Kompost angereichertes Substrat, damit sie nicht faulen.

Lebende Steine haben einen faszinierenden Wachstumszyklus: Sie treten im Sommer in eine Ruhephase, um Wasser zu sparen. An einem sehr hellen Standort sind sie flach oder sitzen unter dem Substrat, da sich die Wurzeln zusammenziehen und die Blätter nach unten ziehen, damit sie nicht dehydrieren. Vom Sommer bis zum Herbst (oder bis die Nachttemperaturen unter 10 °C fallen) muss sparsam gegossen werden. Bis zum Frühjahr (oder bis die Nachttemperaturen beständig über 10 °C steigen) wässert man gar nicht mehr. Im Winter können die Pflanzen runzlig werden, doch wässern sollte man trotzdem nicht – die Pflanzen holen sich von alten Blättern Wasser und Nährstoffe.

Guttation

Sind Sie jemals aufgewacht und haben unter Ihren Pflanzen kleine Wasserpfützen oder Tröpfchen am Ende der Blätter entdeckt? Man nennt das Guttation.

Dabei sondert die Pflanze, vereinfacht gesagt, Wasser aus dem Pflanzeninneren ab, um den Wasserhaushalt auszugleichen. Guttation kommt bei Arten mit einem Leitsystem vor, denn um das Wasser aus den geschlossenen Stomata (Poren) zu pressen, ist ein Innendruck nötig.

Wasser spielt bei der Fotosynthese eine entscheidende Rolle (siehe Seite 26). Deshalb haben Pflanzen höchst effiziente Strategien entwickelt, um es aus dem Boden aufzunehmen. Über das Xylem wird es von den Wurzeln in die Triebe, Blattstiele und Blätter transportiert.

Eine Pflanze nutzt nur 5 Prozent des absorbierten Wassers – 95 Prozent gehen durch Transpiration verloren. Die Stomata auf der Oberfläche nehmen Kohlendioxid auf, das für die Fotosynthese verwendet wird, und geben Wasser ab. Das passiert meist tagsüber, denn nachts schließen sich die Stomata. Lediglich einige Pflanzen in trockenen Lebensräumen lassen ihre Stomata tagsüber geschlossen und öffnen sie nachts, um Feuchtigkeitsverluste zu vermeiden. Wenn die Stomata zumachen, baut sich im Pflanzeninneren ein Druck auf. Dann kommt es zur Guttation, bei der überschüssiges Nass durch die Blattspitzen nach draußen gepresst wird.

Guttation ist in der Regel nichts Besorgniserregendes und oft nach dem Wässern zu beobachten. Tritt sie regelmäßig auf und ist sehr ausgeprägt, sollte man nachsehen, ob die Wurzeln nicht im Wasser sitzen. In den meisten Fällen aber ist sie ein sichtbares Beispiel dafür, welche faszinierenden Vorgänge in Pflanzen ablaufen.

EINE PFLANZE MIT WURZELFÄULE RETTEN

Staunässe und zu starkes Wässern kann Wurzeln faulen lassen. Das muss allerdings nicht unbedingt das Aus für die Pflanze bedeuten. So verhelfen Sie ihr wieder zu einem gesunden Wurzelsystem.

Sie brauchen Scharfes Messer oder Schere | Kleiner Topf | Stark durchlässiges Substrat

1. Pflanze vorsichtig aus dem Topf ziehen. Substrat von den Wurzeln lösen.

2. Substratreste von den Wurzeln spülen, um die Wurzelschäden besser sehen zu können.

3. Faulige Stellen finden und mit einem scharfen Messer oder einer Schere wegschneiden. Den Schnitt 2 cm oberhalb der fauligen Stelle ansetzen, denn die Fäule hat sich bereits im Inneren nach oben ausgebreitet.

4. Pflanze in einen kleineren Topf mit stark durchlässigem Substrat setzen. Die geringe Topfgröße und die Durchlässigkeit der Erde verhindern, dass erneut zu stark gewässert wird.

5. Gut wässern. Topf schütteln, um Wassereinschlüsse loszuwerden, dann Wasser ablaufen lassen. Die Pflanze erholt sich an einem wärmeren, luftfeuchten Platz schneller.

Wir sollten unsere Wohnungen nicht an unseren Pflanzen und ihren Bedürfnissen ausrichten. Trotzdem brauchen manche Arten kleinere Zugeständnisse, vor allem wenn sie aus tropischen Gefilden mit hoher Luftfeuchtigkeit stammen.

Luftfeuchtigkeit

Als Luftfeuchtigkeit bezeichnet man den in der Luft enthaltenen Anteil an Wasserdampf. Je höher er ist, desto höher ist auch die Luftfeuchtigkeit. Warme Luft kann mehr Wasserdampf speichern als kühle, sofern genug Wasser in der Umgebung vorhanden ist. Deshalb ist die Luftfeuchtigkeit in den Tropen höher.

Luftfeuchtigkeit wird meist als relative Luftfeuchtigkeit angegeben. Dabei handelt es sich um den prozentualen Anteil an der möglichen Maximalmenge des in der Luft enthaltenen Wasserdampfs bei einer bestimmten Temperatur. Hat ein Zimmer also eine Luftfeuchtigkeit von 60 Prozent bei einer Temperatur von 20 °C, wäre die Luftfeuchtigkeit bei einer höheren Temperatur trotz gleicher Wassermenge geringer.

Wenn man weiß, woher eine Pflanze stammt, und die Luftfeuchtigkeit ihrer Heimat nachempfinden kann, wird sie besser gedeihen – aber nur, wenn auch andere Faktoren wie die Temperatur stimmen.

Viel Luftfeuchtigkeit mögen:

Begonia arachnoidea
Begonia baramensis
Piper porphyrophyllum
Begonia pteridiformis
Corybas roseus

Luftfeuchtigkeit zu Hause

Zerbrechen Sie sich nicht den Kopf, ob Sie zu Hause eine superhohe Luftfeuchtigkeit erreichen können oder nicht, denn Blätter sind dafür gemacht, Wasser zu halten und die Pflanze damit zu versorgen. Ich kultiviere das Gros meiner Gewächse ohne zusätzliche Luftfeuchtigkeit. Pflanzen, die tatsächlich feuchte Luft brauchen, kommen ins Gewächshaus und in Anzuchtkästen. Im Haus hat mein Grün rund 60 Prozent Luftfeuchtigkeit – ein Standardwert, wie er in den meisten Wohnungen üblich ist. Bei offenem Feuer kann er auf 40 Prozent sinken, während er bei Regenwetter auf bis zu 80 Prozent steigt.

Wichtig zu wissen ist, dass ein Blatt, das in einem Ambiente mit hoher Luftfeuchtigkeit entstanden ist, bei geringer Luftfeuchtigkeit nie mehr gedeihen wird. Wenn Sie also Ihre Pflanzen in feuchter Luft ziehen, müssen Sie diesen Zustand immer beibehalten. Genau aus diesem Grund kultiviere ich die meisten meiner Gewächse ohne zusätzliche Luftfeuchtigkeit. Sie und ich genießen also gleichbleibende Bedingungen und wenn ich wegfahre, muss ich mir keine Sorgen machen. Ich ziehe es vor, sie dauerhaft bei normaler Luftfeuchtigkeit zu halten, damit sie keinem zusätzlichen Stress ausgesetzt sind.

Wie auf Seite 81 erwähnt, erhöht das Besprühen die Luftfeuchtigkeit in normalen Räumen nur für Sekunden. Selbst mit feuchtem Kies gefüllte Schalen unter den Pflanzen bringen wenig bis nichts. Stellt man das Grün eng zusammen, bildet sich um das Laub ein gewisses Mikroklima, aber selbst dann wirkt sich das kaum auf die Luftfeuchtigkeit aus. Merklich erhöhen kann man sie nur in einer geschlossenen Umgebung, etwa unter einer Glasglocke, in einem Terrarium und in einem Gewächshaus, oder durch konstanten Einsatz eines Luftbefeuchters in Räumen. Was allerdings Ihrem Haus und Ihrer Einrichtung weniger gut tut als Ihren Pflanzen!

→ *Leucobryum glaucum* und *Begonia variabilis* brauchen eine hohe Luftfeuchtigkeit. Sie lässt sich unter Glas erreichen.

NAME *Corybas caudatus* aff.

FAMILIE *Orchidaceae*

GATTUNG *Corybas*

VERBREITUNG Malaiische Halbinsel

LEBENSRAUM Steile Tonhänge

HABITUS Terrestrisch

TEMPERATURBEREICH 15–25 °C

LICHT 1500–3000 Lux

SUBSTRAT Moos-Perlit-Mischung

LUFTFEUCHTIGKEIT 90+ %

WASSERBEDARF Konstante Feuchtigkeit, aber keine Nässe

Corybas caudatus aff.

Sie ist meine zurzeit seltenste Pflanze – und eine der anspruchsvollsten, denn sie braucht ganz bestimmte, absolut stabile Bedingungen. *Corybas caudatus* aff. kommt auf den steilen, moosbewachsenen Tonhängen der malaiischen Halbinsel vor, die aufgrund des Klimawandels und der Zerstörung natürlicher Habitate zu den fragilsten Lebensräumen der Erde zählt. Seit der Erstbeschreibung ist die Pflanze der Wissenschaft förmlich entglitten, denn sie wurde in ihrem Verbreitungsgebiet nie mehr gesichtet. Zahlreiche Expeditionen konnten sie nicht finden, weshalb davon auszugehen ist, dass sie inzwischen in ihrem Habitat ausgestorben ist. Umso wichtiger ist es, sie erfolgreich zu kultivieren, um ihr Überleben zu sichern. Weil sie hohe Luftfeuchtigkeit braucht, waren die meisten züchterischen Bemühungen bislang zum Scheitern verurteilt. Meinem Freund Rogier ist es jedoch gelungen, sie zu kultivieren – auf die einfachste Art, die möglich ist: im diffusen Licht unter einem Plastikbeutel. Immer wenn ich einen Beutel auf seiner Fensterbank sehe, freue ich mich und muss lächeln, denn ich weiß, darunter gedeiht ein ganz besonderer Schatz.

Terrarien

Diese kleinen Pflanzenwelten haben nicht nur einen ganz praktischen Nutzen, weil sich in ihnen unzählige unterschiedliche Lebensräume für Exoten in der Wohnung schaffen lassen, sie sind auch schön anzusehen.

Terrarien bestehen im Wesentlichen aus durchsichtigen Behältern, in denen Pflanzen an beliebigen Standorten in der Wohnung unter optimalen Bedingungen kultiviert werden können. Erfinder war angeblich ein Dr. Nathaniel Bagshaw Ward, der 1827 den Lebenszyklus von Schmetterlingen in einem geschlossenen Glas beobachtete und sah, dass aus der darin enthaltenen Erde Farne wuchsen. Bei näherer Betrachtung erkannte er, dass sie sich aus den Sporen von Farnblättern entwickelt hatten, die er ins Glas gegeben hatte. In dem stabilen, feuchten Ambiente gediehen sie prächtig.

Er entwickelte daraus den Ward'schen Kasten, der für Botaniker und Pflanzenliebhaber im England des 19. Jahrhunderts zum Muss wurde. In den Kästen ließen sich wertvolle Sammlerpflanzen aus feuchten, tropischen Regionen lebend nach Europa transportieren. Zugleich waren sie Gesprächsthema in den Häusern der Reichen, die ihre Exoten in dekorativen Behältnissen stilvoll präsentieren konnten.

Dr. Ward begann Pflanzen aus aller Welt in solchen Kästen zu verschiffen. Die weltberühmten Kew Gardens übernahmen die Methode bald und ließen sich damit fast ein Jahrhundert lang Exoten aus aller Welt zuschicken. Der letzte verbürgte Pflanzentransport in den Minilebensräumen fand 1962 statt und ging von den Fidschi-Inseln nach London.

Moderne Terrarien

Ward'sche Kästen ebneten den Terrarien unserer Zeit den Weg. Diese sind inzwischen beliebter denn je, denn sie bieten Pflanzen exakt den Lebensraum, den sie brauchen. Zudem kann man sich mit ihnen den Garten nach drinnen holen, ganz gleich, wie viel Platz in der Wohnung ist.

Es gibt offene und geschlossene Terrarien. Die geschlossenen Ausführungen eignen sich besonders für Pflanzen, die hohe Luftfeuchtigkeit bevorzugen, also beispielsweise Farne, Moose und einige Orchideen. Terrarien sind sehr pflegeleicht, denn man muss selten wässern – der Wasserdampf im Inneren kondensiert an den Wänden, läuft ins Substrat zurück und kann von den Pflanzen wieder aufgenommen werden. In offenen Terrarien ist die Luftfeuchtigkeit dagegen unwesentlich höher als draußen und selbst dann nur, wenn sie dicht bepflanzt sind. Sie werden deshalb eher wegen ihrer ansprechenden Ästhetik als wegen ihrer Vorzüge für die Pflanzen selbst geschätzt.

Man kann die Mini-Ökosysteme in allen möglichen Behältern anlegen, angefangen von winzigen Reagenzgläsern über Vitrinen bis hin zu komplett umgebauten Möbeln. Nicht empfehlenswert ist gemustertes oder geriffeltes Glas, denn es behindert die Sicht auf die Pflanzen und lässt weniger Licht nach drinnen. Das gilt auch für Farbglas.

Die simpelsten Terrarien sind diejenigen, die in geschlossenen Gefäßen angelegt werden. Hier kann das Grün in einer üppig-feuchten Atmosphäre gedeihen. Die komplexesten Versionen enthalten aufwendige Miniaturlandschaften mit vielen Details. Wer sich sein eigenes Terrarium anlegen möchte, kann mit der Schritt-für-Schritt-Anleitung auf Seite 94 erste Gehversuche wagen.

→ Die grünen afrikanischen Rosenkäfer *Chlorocala africana* sind eine dekorative Bereicherung von Terrarien.

← Jeder wasserdichte, durchsichtige Behälter kann zum Terrarium umfunktioniert werden.

Bioaktive Terrarien

Früher wurde in vielen Terrariumführern empfohlen, die gesamte Ausstattung vorab zu desinfizieren, damit sich keine unerwünschten Mikroorganismen oder Schädlinge festsetzen. Heute weiß man die Vorzüge einer nicht völlig sterilen Umgebung zu schätzen und versucht eher, ein bioaktives Terrarium einzurichten und zu erhalten.

Entscheidend für ein funktionierendes, autarkes Ambiente sind Insekten und andere Kriechtiere wie Asseln. Sie haben einen doppelten Nutzen, denn sie nehmen pflanzliche Abfallstoffe auf und verwandeln sie in Ausscheidungen, die wiederum Pflanzen düngen und das Substrat anreichern. Dank dieses Kreislaufs bleiben bioaktive Terrarien in der Regel gesünder und auch die Pflanzen in ihnen leben oft länger. Die tierische »Müllabfuhr« entsorgt schädliche Mikroorganismen, während die nützlichen Kleinstlebewesen die Bodenstruktur verbessern und ein gesundes Biotop entstehen lassen.

Eine Sterilisierung des Substrats ist nicht sinnvoll, denn sie würde das Bodenleben vernichten. Vielmehr soll sein hoher Anteil an organischer Substanz erhalten bleiben, damit die Fauna und Flora im Terrarium reichlich Nahrung zur Verfügung hat.

Wässern und Wasserabzug

Angemessenes Wässern ist für Terrarien von entscheidender Bedeutung. Da die Behälter keine Abzugslöcher haben, muss sehr sorgsam und sparsam gewässert werden – schließlich darf man nicht vergessen, dass geschlossene Systeme wenig oder überhaupt kein Wasser mehr brauchen, nachdem sich erst einmal ein funktionierender Wasserkreislauf gebildet hat. Ratsam ist als unterste Schicht eine Drainageschicht aus Blähton mit etwas Kies darüber (siehe Seite 94), auf die dann das eigentliche Substrat kommt. So kann überschüssiges Wasser ablaufen, was ein Faulen der Wurzeln verhindert.

Bepflanzen

Ob ein Terrarium gelingt oder kläglich scheitert, hängt vor allem von der Auswahl der Pflanzen ab. Im Handel erhältliche Ausführungen enthalten die unterschiedlichsten Gewächse, doch kommt es vor allem darauf an, dass sämtliche »Insassen« die Atmosphäre im Glasbehälter vertragen. Außerdem müssen sie die gleichen Wuchsbedingungen bevorzugen und vor allem einen ähnlichen Wasserbedarf haben. Ich sehe oft Sukkulenten und Kakteen in Terrarien, doch diese beiden Pflanzengruppen werden sich darin nicht wohlfühlen. Die hohe Luftfeuchtigkeit, die unzureichende Drainage und der mangelnde Luftaustausch lassen sie mit Sicherheit faulen.

Recherchieren Sie, welche Pflanzen klein bleiben und so wachsen, dass sie im Terrarium gut aussehen. Ich polstere meine gläsernen Lebensräume gern mit viel Moos aus, da es langsam wächst und für eine üppigfeuchte Atmosphäre sorgt. Außerdem können andere Pflanzen darin einwurzeln. Und auch so manches Getier fühlt sich in Moos wohl.

EIN TERRARIUM EINRICHTEN

Ein Terrarium ist nicht nur der perfekte Lebensraum für Tropenpflanzen, die hohe Luftfeuchtigkeit brauchen. Es ist auch ein ganz besonderes Deko-Element für Innenräume.

Sie brauchen Terrarium (mit oder ohne Deckel) | Hintergrund, etwa Rinde | Blähton und feinen Kies | Stark durchlässiges Substrat | Dekorelemente (Holzstücke, Steine) | Moos | Pinzette | Pflanzen | Zwirn (optional)

1. Den Hintergrund zuschneiden. Hier habe ich eine Platte aus Korkrinde verwendet. Pflanzen können dieses Material bewachsen und sich daran festhalten.

2. Eine Drainageschicht, in der sich überschüssiges Wasser sammeln kann, auf dem Boden verteilen. Zuerst Blähton streuen, dann feinen Kies daraufgeben, damit das Substrat nicht in die Lücken geschwemmt wird. Auf dem Kies das Substrat verteilen.

3. Mit Deko-Elementen wie Holzstücken und Steinen eine künstliche Landschaft schaffen, bevor die Pflanzen in das Terrarium kommen.

4. Substrat und Deko-Elemente mit Moos bedecken, am besten mit einer Pinzette. Moos auf Holz und Stein eventuell mit Sekundenkleber befestigen, auf Substrat festdrücken.

5. Pflanzen in das Substrat oder Moos pflanzen, dabei eventuell mit einer Pinzette in Mooslücken drücken und ggf. mit Zwirn festbinden.

6. Mit Wasser besprühen, um die Luftfeuchtigkeit zu erhöhen. Ich gebe noch etwas Dünger in die Sprühflasche, damit die Pflanzen Nährstoffe bekommen. Offen lassen oder schließen.

Alocasia micholitziana 'Variegata'

Die panaschierte Form – sie wird gelegentlich auch als *Alocasia* 'Frydek' angeboten – kommt in freier Natur nicht vor. Die grüne Variante hingegen ist auf mehreren philippinischen Inseln beheimatet, dort jedoch durch die Zerstörung ihres Lebensraums und zu starken Sammeldruck aufgrund der hohen Nachfrage gefährdet. Bei Kulturformen unterscheidet sich die Panaschierung von Blatt zu Blatt und ist bei manchen Pflanzen zudem stabiler als bei anderen.

Die Wildform von *Alocasia micholitziana* wächst unter dem Laubdach von Bäumen. Dort ist es allerdings immer noch so hell wie an einem hellen Platz in der Wohnung. Die Pflanze braucht viel Luftfeuchtigkeit, kommt aber in normalen Räumen ohne zusätzliche Luftbefeuchtung aus. Erhöht man den Wasseranteil in der Luft, muss man auch die Temperatur erhöhen und besser lüften, um Fäulnis zu vermeiden.

NAME *Alocasia micholitziana* 'Variegata'

FAMILIE *Aracea*

GATTUNG *Alocasia*

VERBREITUNG Philippinen

LEBENSRAUM Tiefland- und Sekundärwälder

HABITUS Krautschichtpflanze

TEMPERATURBEREICH 15–30 °C

LICHT 8000–16 000 Lux

SUBSTRAT Tropenpflanzenmischung

LUFTFEUCHTIGKEIT 50 %

WASSERBEDARF Feucht

DÜNGEN

Wenn Zimmerpflanzen gesund bleiben und gedeihen sollen, müssen sie gedüngt werden. Dabei spielt die richtige Dosierung der Nährstoffe eine entscheidende Rolle für das Wachstum.

Warum düngen?

Manche Pflanzenbesitzer vergessen, ihr Grün zu düngen. Ich rate deshalb, es fest in die Pflanzenpflegeroutine einzubauen, denn Sie verbessern damit das Wachstum Ihrer Pflanzen und deren allgemeine Gesundheit beträchtlich. Ich genieße das Düngen, denn es gibt mir das Gefühl, meinen Gewächsen etwas Gutes zu tun. Außerdem weiß ich so, dass sie es mir mit gesünderen Blättern und Blüten vergelten.

Als Topferde verwende ich eine Mischung aus nährstoffreichen Substraten, in die ich einen in Wasser aufgelösten Flüssigdünger gebe, doch stehen Ihnen weitere Optionen zur Auswahl. Ich persönlich ziehe die regelmäßigen Düngergaben (entsprechend den Bedürfnissen der Pflanze) vor, denn so kann ich am besten steuern, wie viel und welche Nährstoffe eine Pflanze bekommt. Außerdem ist das Düngen in diesem Fall nicht mit einem Mehraufwand verbunden, denn bei Verwendung von Flüssigdünger oder wasserlöslichem Granulat (siehe Seite 104) gibt man das Präparat lediglich ins Gießwasser. Nachdem es sich aufgelöst hat, wässert man das Substrat im Topf, sodass die Pflanzenwurzeln die Nährstoffe aufnehmen. Blattdünger kann ferner direkt auf das Laub gesprüht werden.

Essenzielle Nährstoffe

Es gibt mehrere Nährstoffe, die Pflanzen für ihr Wachstum brauchen. Die wichtigsten sind Stickstoff (N), Phosphor (P) und Kalium (K).

Stickstoff

Stickstoff ist einer der wichtigsten Pflanzennährstoffe, denn er gehört zu den Hauptbestandteilen von Chlorophyll, das für die Fotosynthese unabdingbar ist (siehe Seite 26). Er ist außerdem in Aminosäuren enthalten, jenen Proteinbausteinen, die Pflanzen für ihr Wachstum brauchen. Stickstoff sorgt vor allem für gesundes Laub.

Phosphor

Phosphor ist ein wichtiger Bestandteil der DNA aller Lebewesen. Bei Pflanzen unterstützt dieses Element das Wurzelwachstum und eine reiche Blüte. Außerdem hilft es ihnen, Umweltstress wie Kälte zu überstehen. Besonders Jungpflanzen können Phosphor gut brauchen, denn er trägt zur Entwicklung eines gesunden Wurzelsystems bei.

Kalium

Kalium ist für mehrere lebenswichtige Vorgänge wie den Wasser- und Nährstofftransport von den Wurzeln zu Trieben und Blättern verantwortlich. Außerdem macht es Pflanzen widerstandsfähiger gegen Wasserknappheit, denn es reguliert das Öffnen und Schließen der Stomata (Poren) in Blättern und Trieben. Gibt man Gewächsen kurz vor der Blüte Kalium, blühen sie besonders gut.

Diese drei Makronährstoffe (kurz: NPK) decken den Großteil des Nährstoffbedarfs ab, doch spielen auch die in geringerer Menge benötigten Mikronährstoffe eine wichtige Rolle, denn sie sorgen für gesunden Wuchs und erhöhen die Widerstandskraft gegen Krankheiten und Schädlinge. Je nach Standort und Jahreszeit brauchen Pflanzen unterschiedliche Mengen jedes Nährstoffs.

Diese *Tradescantia* sitzt in einer kleinen Blumenampel. Sie ist so riesig, dass sie fast bei jedem Wässern gedüngt werden muss.

Zimmerpflanzen brauchen uns, denn nur wir können ihnen Nährstoffe geben. Wer die Bedürfnisse seiner Gewächse und die verfügbaren Präparate kennt, kann immer den passenden Dünger auswählen.

Die Wahl des Düngers

Seit ich mich intensiv mit Düngerpräparaten befasse und die Erkenntnisse in meine Pflanzenpflege einfließen lasse, sind meine Gewächse viel gesünder als vorher.

Was muss man wissen, um Pflanzen bestmöglich mit Nährstoffen zu versorgen? Es gibt zwei Arten von Düngern: natürliche und synthetische (siehe gegenüber und Seite 104). Ich vermeide bewusst den Gegensatz zwischen »natürlich« und »chemisch« – »chemisch« wird oft falsch gebraucht, da sowohl natürliche als auch synthetische Dünger chemische Verbindungen enthalten. Am liebsten arbeite ich mit einem Zwischending aus natürlichen und synthetischen Präparaten, denn so bekomme ich das Beste beider Welten: Auf die synthetischen Nährstoffe in begrenzter Menge können meine Pflanzen sofort zugreifen, während der langsamer verfügbare Naturdünger sie nach und nach mit dem Notwendigen versorgt.

Langzeitdünger kann man beim Umtopfen in das Substrat einarbeiten. So muss man eine Weile gar nicht mehr düngen. Später arbeitet man Düngergranulat in die obersten 2–3 cm Erde ein. Allerdings lässt sich dann schwer abschätzen, ob die Pflanzen damit ausreichend versorgt sind. Deshalb muss man sie im Auge behalten, um zu sehen, ob sie langsamer bzw. schwächer wachsen.

Naturdünger

Naturdünger werden aus pflanzlichen, tierischen oder mineralischen Substanzen hergestellt. Sie sind vor allem dazu da, die Mikroorganismen im Substrat zu fördern. Diese zersetzen die Naturdünger, sodass sie den Pflanzen als Makro- oder Mikronährstoffe zur Verfügung stehen. Damit gehören sie zu den Langzeitdüngern, denn obwohl einige der Nährstoffe sofort in kleinen Mengen aufgenommen werden, können die Pflanzen die meisten nur mithilfe von Mikroben verwerten. Am eifrigsten arbeiten die Kleinstlebewesen, wenn das Substrat weder zu nass noch zu trocken ist und eine gleichbleibende Temperatur hat. In Töpfen, die viel Sonne abbekommen und länger austrocknen, sind also weniger Mikroorganismen aktiv. Völlig den Garaus machen ihnen Pestizide und andere Chemikalien, die das Wuchsmedium letztlich in eine tote Masse verwandeln.

Es gibt viele Naturdüngerpräparate. Ich bin ein großer Anhänger von Seetangdünger. Er enthält Unmengen von Mikronährstoffen und wirkt Wunder bei Pflanzen. Dünger mit Seetanganteilen hat alle Vorteile eines Naturdüngers, aber ohne dessen Geruch, wie er etwa bei Hühnermist unvermeidlich ist.

Ein weiterer guter Naturdünger ist Kompost aus zersetzter Schafwolle und Farnkraut. Er eignet sich auch hervorragend als Kopfdünger (siehe Seite 110) für Pflanzen, die nur einen kleinen Muntermacher brauchen und noch nicht gleich in einen neuen, größeren Topf umziehen müssen. Eine dünne Lage dieser Mixtur ein- oder zweimal im Jahr oder wenn das Substrat einsackt bzw. trocken und staubig wird, ist ein hervorragender Langzeitdünger. Man kann ihn pur verwenden oder mit anderen Komponenten zu einem maßgeschneiderten Dünger mixen.

Beim Einsatz von Naturdüngern muss man wegen des höheren Gehalts an organischer Substanz im Substrat damit rechnen, dass Pilzmücken angelockt werden, die sich von Pilzen ernähren (siehe Seite 158). Sie schädigen die Pflanzen zwar nicht, sind aber in Wohnungen äußerst lästig. Deshalb sollte man nicht zu viel düngen, um einen übermäßig hohen Nährstoffgehalt zu vermeiden.

PRO

- Langsame Freigabe
- Lange Wirkung
- Sorgt für gesundes Substrat
- Verbessert die Textur des Substrats
- Geringere Wahrscheinlichkeit von Düngerschäden an Pflanzen

KONTRA

- Kann Pilzmücken anlocken
- Wird nur langsam absorbiert
- Aufnahme abhängig von Temperatur und Umgebung
- Kann unangenehm riechen oder bei der Anwendung Schmutz verursachen, da er nicht immer sauber verpackt ist

Synthetische Dünger

Dabei handelt es sich um Präparate, die aus Gasen aus der Luft und verarbeiteten Mineralstoffen künstlich hergestellt werden. Synthetische Dünger sind in zahlreichen Ausführungen erhältlich, ob als Pulver, Granulat oder in flüssiger Form. Sie werden in das Substrat gemischt, in Wasser aufgelöst und beim Gießen verabreicht oder als Blattdünger auf das Laub gesprüht (siehe Seite 108).

Die in synthetischen Düngern enthaltenen Nährstoffe stehen den Pflanzen zur Verfügung, ohne dass Mikroorganismen im Substrat sie vorher aufspalten müssen. Deshalb unterstützen sie das Wachstum und die Gesundheit der Gewächse unmittelbar. Allerdings verbessern sie das Substrat nicht, was wiederum die Gesundheit der Pflanzenwurzeln beeinträchtigen kann.

Synthetische Dünger lassen sich in großen Mengen herstellen. Bei ihrer Anwendung weiß man immer genau, wie viel der jeweils enthaltenen Nährstoffe man seinen Pflanzen verabreicht, denn das Verhältnis ist auf der Verpackung angegeben, was die Dosierung erleichtert. Hält man sich an die Gebrauchsanweisung und spült die Gewächse regelmäßig, um überschüssige Nährstoffe und Salz auszuwaschen (siehe Seite 109), kann man verhindern, dass Wurzeln und Blätter davon verbrannt werden.

Mein bevorzugter synthetischer Dünger ist ein lösliches Granulat, das man entweder ins Gießwasser gibt oder in verdünnter Form als Blattdünger versprüht. Es ist vergleichsweise preiswert, da wenig ungenutzt vergeudet wird. Außerdem ist meiner Ansicht nach alles von Vorteil, womit ich bei der Pflanzenpflege zwei Fliegen mit einer Klappe schlagen kann – also in diesem Fall Wässern und Düngen gleichzeitig!

← Die Nährstoffe synthetischer Dünger sind sofort verfügbar.

PRO

- Leicht zu lagern, da im Gegensatz zu manchen Naturdüngern immer gut verpackt
- Geruchlos und sauber
- Schnelle Aufnahme durch Pflanzen
- Gleichbleibender Nährstoffgehalt

KONTRA

- Trägt nichts zur Aktivität des Bodenlebens bei
- Überdosierung schadet Pflanzen
- Wirkt überwiegend kurzfristig
- Muss häufiger angewendet werden

Mein liebster Düngermix

Auf den Verpackungen von Düngern aus dem Gartencenter sind stets die Hauptnährstoffe angegeben, meist als NPK-Verhältnis (Stickstoff:Phosphor:Kalium, siehe Seite 101). Das gilt für synthetische wie natürliche Produkte gleichermaßen.

Zimmerpflanzen sind in der Regel zufrieden mit einem 20:10:20-Mix, also einem Verhältnis von 20 Prozent Stickstoff, 10 Prozent Phosphor und 20 Prozent Kalium. Allerdings sind die Ansprüche und die Umgebung jeder Pflanze anders, weshalb manche die enthaltenen Nährstoffe in unterschiedlicher Dosierung brauchen. Deshalb ist es so wichtig, die eigene Pflanze gut zu kennen und zu wissen, wie oft sie gedüngt werden muss.

Ich arbeite mit einem Mix aus natürlichen und synthetischen Düngern, den ich selbst zusammenstelle. Inzwischen lasse ich ihn von Profis erzeugen und verkaufe ihn in meinem Geschäft. Mit dabei ist etwas Seetangextrakt. Es liefert alle Mikronährstoffe, die Zimmerpflanzen brauchen, und fördert zudem die Mikrobiologie des Substrats.

Ein weiterer sehr nützlicher Stoff, den ich in die Mischung gebe, ist Fulvosäure. Sie entsteht, wenn sich Mikroorganismen im Boden zersetzen. Zudem agiert sie als Biostimulans, ist also eine Nahrungsquelle für nützliche Mikroorganismen und sorgt dafür, dass Mikronährstoffe von den Pflanzen leichter aufgenommen werden können. Sie fördert die Bodengesundheit und -struktur sowie die Vermehrung nützlicher Mikroben. Außerdem hat sie einen weiteren Vorteil: Sie verbessert die Trockenresistenz von Pflanzen. Vergisst man einmal, sie zu wässern, oder fährt ein paar Tage lang weg, tragen sie nicht so große Schäden davon.

Die meisten meiner Pflanzen verwöhne ich mit meiner Lieblingsmischung aus 5 g (1 TL) Dünger auf 4,5 l Wasser.

NAME *Anthurium veitchii × chamberlainii* aff.

FAMILIE *Araceae*

GATTUNG *Anthurium*

VERBREITUNG *A. chamberlainii*: endemisch in Venezuela
A. veitchii: Kolumbien

LEBENSRAUM Bergwälder

HABITUS Epiphytisch

TEMPERATURBEREICH 18–30 °C

LICHT 5000–15 000 Lux

SUBSTRAT Rindenmulch oder Moos

LUFTFEUCHTIGKEIT 50 %

WASSERBEDARF Gleichbleibendfeucht, Substrat kann zwischen dem Wässern austrocknen

Anthurium veitchii × chamberlainii aff.

Die Hybride aus *A. chamberlainii* und *A. veitchii* vereint in ihrem Laub die Vorzüge beider Elternarten. Jungblätter sind nach dem Austrieb zunächst blutrot gefärbt, da sie Anthocyane enthalten. Diese Pigmente schrecken Fressfeinde ab und schützen den frischen Wuchs vor Sonnenschäden.

Anthurium chamberlainii wurde 1888 erstmals beschrieben und seither nur noch einmal entdeckt. Die genaue Verbreitung ist nach wie vor nicht bekannt. *A. veitchii* (siehe Seite 31) ist ein Epiphyt, braucht also stark durchlässiges Substrat. Ich gebe der Pflanze einen Tontopf und bedecke den Ballen mit Torfmoos, um eine möglichst hohe Verdunstung von Oberflächenwasser zu erreichen. Außerdem verwende ich einen stickstoff- und kaliumreichen Dünger, der das Blattwachstum und die Blüte fördert. Wer für die Vermehrung keine Blüten braucht, kann sie abzwicken, denn sie hemmen das Laubwachstum. Aber diese hier war zu schön, also habe ich sie an der Pflanze gelassen.

Düngen gehört zu den Routinearbeiten der laufenden Pflege. Pflanzen müssen zwar das ganze Jahr über gedüngt werden, zugleich sollten die Nährstoffgaben aber auf das Wachstum und den Standort abgestimmt werden.

Düngen

Beim Düngen spielt nicht nur die Art des Präparats eine Rolle. Auch der Pflanzentyp und die Jahreszeit – befindet sich das Gewächs mitten im Wachstum oder in seiner Ruhephase? – müssen berücksichtigt werden. Ob Sie natürliche oder synthetische Dünger verwenden, ist Ihre persönliche Entscheidung, Sie können aber wie ich zweigleisig fahren und Ihren eigenen Mix kreieren (siehe Seite 105).

Am einfachsten ist es, das Düngen in die laufende Pflege einzubauen, etwa indem Sie Dünger ins Gießwasser geben. Wie oft das sinnvoll ist, hängt von der jeweiligen Art ab. Für eine optimale Nährstoffzufuhr sollten Sie die Bedürfnisse jeder Pflanze kennen. Damit sie gut wächst und gesund bleibt, muss die Dosis stimmen, sonst sind Probleme vorprogrammiert (siehe Überdüngung gegenüber).

Laufende Pflege

Das Düngen gehört zu den Hauptaspekten der Pflanzenpflege. Ich dünge die meisten Gewächse in einem Gießdurchgang und verwende beim nächsten Mal nur Wasser. Das funktioniert, sofern man den Dünger so dosiert, dass keine Pflanze überdüngt wird.

Manche Gruppen, und dazu gehören Kakteen und Orchideen, brauchen eine auf ihre Ansprüche exakter abgestimmte Nährstoffzufuhr (siehe Seite 114 und 111), während die meisten fleischfressenden Pflanzen überhaupt nicht gedüngt werden müssen.

Hat eine Pflanze einen Wachstumsschub, benötigt sie mehr Nährstoffe. Deshalb müssen Zimmerpflanzen fast das ganze Jahr gedüngt werden. Wenn sie im Winter jedoch ihr Wachstum verlangsamen oder ganz einstellen, reduziert man die Düngergaben. Ich empfehle, mit jedem zweiten Wässern zu düngen, denn je mehr Wasser eine Pflanze braucht, desto größer ist ihr Nährstoffbedarf.

Am Leben halten

Substrate zu sterilisieren liegt im Trend. Man spült es mit kochendem Wasser oder trocknet es bei niedriger Hitze im Ofen. Das tötet Schädlinge und andere unerwünschte Übernachtungsgäste in der Wohnung ab, allerdings auch nützliche Mikroorganismen. Das Substrat wird zur toten Materie und kann seine wichtige Aufgabe, Naturdünger für die Pflanzen aufzuspalten, nicht mehr erfüllen. Ich ziehe es vor, Substrat nicht zu sterilisieren, und lasse lieber ein ausgewogenes Ökosystem darin entstehen, indem ich nützlichen Mikroorganismen für sie günstige Bedingungen biete.

Überdüngung

Damit Pflanzen gesund und zufrieden bleiben, müssen sie gedüngt werden. Ein Zuviel an Nährstoffen aber kann schaden und sogar katastrophale Folgen haben, falls die Wurzeln dadurch versengt werden. Das kommt vor, wenn der Salzgehalt im Topf zu hoch wird, der Pflanze damit Wasser entzogen und verhindert wird, dass sie welches aufnimmt.

Ein typisches Anzeichen für Überdüngung sind braune, »versengte« Blattränder und generell schwacher oder verkrüppelter Wuchs. Holt man den Ballen aus dem Topf, sieht man oft auch braune Wurzeln.

Zu einer Überversorgung kommt es, wenn sich manche Nährstoffe im Topf anreichern – Fachleute sprechen dann von einer »Nährstoffsperre«. Sie verhindert die Aufnahme anderer Nährstoffe, sodass die Pflanze buchstäblich verhungert. Daher sollte man sich immer an die Dosierungsempfehlungen der Hersteller auf der Verpackung halten.

Es ist ein Trugschluss zu glauben, dass man durch mehr Nährstoffe auch mehr Wachstum erreicht. Das Gegenteil ist der Fall: Sie fügen Ihrer Pflanze damit nur Schaden zu.

Den Nährstoffgehalt im Substrat kann man außerdem begrenzen, indem man den Ballen zwischen dem Düngen mit sauberem Wasser spült. Dazu lässt man einfach viel Wasser hindurchlaufen, sodass es aus den Abzugslöchern quillt. Das schwemmt überschüssige Salze aus dem Substrat und verhindert, dass der Nährstoffgehalt ein gefährliches Maß erreicht.

KOPFDÜNGUNG

Ein hervorragender Trick, Pflanzen auf natürliche Weise mit Nährstoffen zu versorgen, ist die Kopfdüngung. Dabei wird eine dünne Lage frisches Substrat auf dem bestehenden verteilt. Das verbessert außerdem die Bodenstruktur und senkt die Verdunstungsrate. Gerade für Pflanzen, die etwas Zuwendung gebrauchen können, aber noch nicht reif für das Umtopfen sind, ist die Kopfdüngung ideal.

Sie brauchen Topfpflanze | Substrat (hier eine Tropenpflanzenmischung)

1. Passenden Substratmix vorbereiten. Ich verwende am liebsten meine übliche Tropenpflanzenmischung (siehe Seite 58). Substrat vorab mischen, um es gleich auf frei liegende Wurzeln auftragen zu können.

2. Vorsichtig die obersten 2–5 cm lockeres Substrat von der Ballenoberfläche wegkratzen. Die alte Erde entweder auf den Komposter werfen oder mit frischem Kompost mischen und wiederverwenden.

3. Ballen mit einer dicken Schicht frischem Substrat bedecken. Darauf achten, dass alle frei liegenden Wurzeln bedeckt sind und die Oberfläche genauso hoch ist wie zuvor.

4. Ballen reichlich wässern, damit sich das neue Substrat setzt und schon die ersten Nährstoffe aus der frischen Schicht zu den Wurzeln im Ballen darunter geschwemmt werden.

Orchideen

Orchideen müssen zwar etwas gedüngt werden, doch sollte man den Dünger in einer niedrigeren Konzentration verabreichen als bei anderen Zimmerpflanzen, da sie einen geringeren Nährstoffbedarf haben. Übertreibt man es, versengen die Wurzeln (siehe Seite 109). Ich wässere meine Orchideen immer zum Schluss, nachdem ich alle anderen Pflanzen gedüngt habe. Dazu lasse ich rund ein Viertel des mit normal dosiertem Dünger angereicherten Gießwassers in der Kanne und fülle sie wieder komplett mit reinem Wasser. Dieser Mix mit 25 Prozent der normalen Düngermenge ist für Orchideen perfekt.

Orchideen wie *Phalaenopsis* wachsen und blühen das ganze Jahr. Sie sollten daher mit jedem zweiten Wässern einen stickstoff- und kaliumreichen Dünger bekommen, der das Laubwachstum und die Blüte fördert. Andere Orchideen haben eine Wachstumssaison, in der man sie zur Unterstützung der Blattentwicklung mit einem stickstoffreichen Dünger verwöhnt. Sobald ihre Blühsaison beginnt, steigt man auf ein kaliumreiches Präparat um. Wie wird gedüngt? Lösen Sie den Dünger in Wasser auf und gießen Sie es auf die Töpfe, damit es durch das Substrat sickert. Überschüssiges Nass lässt man ablaufen, erst dann kommen die Pflanzen wieder in ihre Übertöpfe. So vermeidet man Staunässe und Wurzelfäule. Orchideen reagieren auch gut auf Blattdünger, der auf das Laub gesprüht wird.

Pflege von Phalaenopsis

Phalaenopsis sind eine Erfolgsgeschichte ohnegleichen. Sie waren die Einstiegsorchidee für viele Sammler und werden relativ preiswert im Handel angeboten, ob in Spezialgärtnereien oder in Supermärkten. Aber gerade weil man sie so leicht bekommt, sind sie zu einer botanischen Wegwerfware verkommen. Werden sie nach der Blüte entsorgt, was relativ häufig vorkommt, ist ihr ökologischer Fußabdruck beträchtlich. Bei angemessener Pflege aber blühen sie viele Jahre lang. Meine älteste Pflanze ist eine *Phalaenopsis*, die ich zu meinem sechzehnten Geburtstag geschenkt bekommen habe. Sie gedeiht nach wie vor prächtig und blüht zuverlässig, sobald der Winter naht.

→ Das Besprühen mit einer verdünnten Düngerlösung tut *Phalaenopsis* besonders gut.

NAME *Bulbophyllum lobbii*

FAMILIE *Orchidaceae*

GATTUNG *Bulbophyllum*

VERBREITUNG Von Indien südwärts bis Thailand, zu den Philippinen und nach Malaysia

LEBENSRAUM Unterschiedlichste Wälder, Dschungel

HABITUS Epiphyt

TEMPERATURBEREICH 15–30 °C

LICHT 5000–25 000 Lux

SUBSTRAT Rindenschnitzel

LUFTFEUCHTIGKEIT 65+ %

WASSERBEDARF Zwischen dem Wässern immer austrocknen lassen

Bulbophyllum lobbii

Diese faszinierende Pflanze trägt eine Blüte, die fast wie ein Insekt aussieht und ihre untere Lippe im Wind bewegt. Die meisten *Bulbophyllum*-Arten werden von Fliegen bestäubt und locken sie mit einem Blütensekret an. Im Gegensatz zu vielen weiteren Angehörigen der Familie entsendet *Bulbophyllum lobbii* allerdings einen angenehmen Duft, der an Jasmin und Orangenblüten erinnert.

Die Orchideen brauchen viel Licht, müssen aber einen Großteil des Tages vor voller Sonne geschützt werden. Verabreichen Sie ihnen einen speziellen Orchideendünger oder verdünnen Sie herkömmliche Zimmerpflanzendünger auf ein Viertel der empfohlenen Stärke. Ein stickstoffreiches Präparat fördert die Bildung von Laub und Pseudobulben – dicken, fleischigen, zwiebelähnlichen Organen, die oberirdisch wachsen und Wasser sowie Nährstoffe speichern. Die Blüten treiben aus diesen Pseudobulben aus. Um die Pflanze also zum Blühen zu bringen, sollte man sie im Winter bis in das Frühjahr und den Frühsommer hinein mit einem kaliumreichen Dünger verwöhnen.

Kakteen

Kakteen stammen aus sehr unwirtlichen Lebensräumen und sind deshalb perfekte Überlebenskünstler, die mit wenig Wasser und Nährstoffen auskommen. Damit sie gesund bleiben, müssen wir die Bedingungen aus ihrer Heimat für sie nachempfinden. Der wichtigste Faktor ist natürlich Licht, davon können Kakteen kaum genug bekommen. Außerdem brauchen sie ein stark durchlässiges Substrat, damit sich im Topf keine Staunässe bildet. Sie lässt die sukkulenten, wassergefüllten Sprosse rasch faulen.

Viele glauben, dass Kakteen immer nur winzige Mengen Wasser auf einmal benötigen. Doch wenn die Wuchsbedingungen stimmen, ist es für sie wesentlich besser, wenn man sie weniger häufig und dafür reichlicher wässert, statt sie jedes Mal komplett austrocknen zu lassen. Wird das Substrat zu trocken, gerät es in einen wasserabweisenden Zustand, der für die Pflanze nicht gut ist. Verhindern lässt sich das, indem man genug Sand und Kies in das Substrat mit hineinmischt – dann bekommt man es auch leichter wieder feucht.

Jeder der Kakteenzüchter, mit denen ich gesprochen habe, setzt auf eine ganz bestimmte Düngestrategie. Doch eines haben alle gemeinsam: Sie verwenden Präparate mit wenig Stickstoff und dafür höheren Phosphor- und Kaliumanteilen, denn Stickstoff regt Kakteen zu einem schnelleren, aber schwächeren und weicheren Wachstum an, sodass sie anfällig für Fäule werden und leichter umfallen.

Im ersten Jahr findet ein neu eingetopfter Kaktus noch genug Nährstoffe im frischen Substrat. Ideal ist es, die Exoten danach bei jedem zweiten Wässern zu düngen, doch sollten Sie dafür Spezialdünger verwenden – oder einen normalen, aber zwei- bis vierfach verdünnten Zimmerpflanzendünger.

Im derben Aussehen von Kakteen spiegeln sich die rauen Bedingungen ihrer Lebensräume wider. Von oben im Uhrzeigersinn: *Ariocarpus retusus* v. *confusus, Lophophora williamsii, Geohintonia mexicana, Aztekium hintonii, Strombocactus disciformis, Pelecyphora strobiliformis.*

NAME *Geohintonia mexicana*

FAMILIE *Cactaceae*

GATTUNG *Geohintonia*

VERBREITUNG Mexiko (Nuevo León: Sierra Madre)

LEBENSRAUM Gipshänge

HABITUS Terrestrisch

TEMPERATURBEREICH 10–35 °C

LICHT 20 000 Lux

SUBSTRAT Stark durchlässiger Mix aus Kies, Sand, Bims und kalziniertem Kaolin

LUFTFEUCHTIGKEIT <60 %

WASSERBEDARF Nur wässern, wenn das Substrat trocken ist und die Nachttemperaturen konstant über 10 °C liegen

Geohintonia mexicana

Diesem seltenen Kaktus sieht man die Anpassung an die raue Umgebung seiner Heimat an. Er kommt nur in einem 25 x 25 km großen Gebiet vor und besiedelt Gipshänge mit geringem bis überhaupt keinem Niederschlag. In dieser unwirtlichen Umgebung mit wenig Wasser und Nährstoffen wächst er sehr langsam. Selbst ältere Exemplare sind nur wenige Zentimeter hoch. Wer will, dass der Kaktus in der Wohnung aussieht wie in freier Natur, muss ihm ähnliche Bedingungen bieten. Zu viel Wasser und Stickstoff oder Lichtmangel lassen eine hohe Pflanze mit unnatürlichem Aussehen entstehen. Besser ist es, etwas zu wenig zu düngen als zu viel. Manche Gärtner enthalten ihm Nährstoffe sogar komplett vor, die meisten aber düngen ihn im Frühjahr, um ihn zur Blüte anzuregen, und gelegentlich noch einmal im Sommer.

Seine Population wurde von Sammlern fast komplett ausgelöscht, weshalb er inzwischen im Washingtoner Artenschutzübereinkommen, Anhang II, gelistet wird. Dort stehen Arten, deren Handel kontrolliert wird, um das Überleben in freier Natur zu sichern. Wenn Sie ein Exemplar kaufen, achten Sie darauf, dass es aus seriöser Quelle stammt.

Der Pilz, dein Helfer

Seit einigen Jahren sind unter Freilandgärtnern Mykorrhizapilze in aller Munde. Inzwischen interessieren sich sogar Zimmerpflanzenfreunde für diese nützlichen Helfer. Das Thema verdient es auf jeden Fall, näher untersucht zu werden, denn die Pilze sind lebenswichtig für unsere Flora und verbessern die Nährstoffaufnahme. Ich denke, sie haben enormes Potenzial und können die Gesundheit unserer Gewächse verbessern. Mykorrhizapilze sind in lebendigen Böden enthalten, nicht jedoch in sterilisierter Topferde. Manche Pflanzen leben außerdem in einer Art Partnerschaft mit bestimmten Pilzen, die in Substratmischungen nicht unbedingt vorhanden sind.

Mykorrhizapilze führen ein unauffälliges Leben im Untergrund. Sie beeinflussen die Aufnahme von Wasser, Mineralien und anderen Nährstoffen, unterstützen die Pflanzen aber nicht nur in ihrem Wachstum, sondern verbessern auch ihre Trockenresistenz und Widerstandskraft gegen Schädlinge und Krankheiten. Die Wurzeln von mehr als 90 Prozent aller Pflanzen leben in einer Art Symbiose mit Mykorrhizapilzen, die riesige unterirdische Geflechte bilden und als eine Art Verlängerung des Wurzelsystems fungieren. Während der Pilz das Wachstum der Pflanze fördert, versorgt die Pflanze den Pilz mit Zucker aus der Fotosynthese und sichert ihm somit das Überleben und die Fortpflanzung.

Man kann Mykorrhizapilze in Pulverform beim Umpflanzen auf die Wurzeln von Stecklingen oder beim Umtopfen auf die äußeren Wurzeln älterer Gewächse streuen. Diese Unterstützung erleichtert ihnen das Einwachsen und lindert den Umpflanzschock.

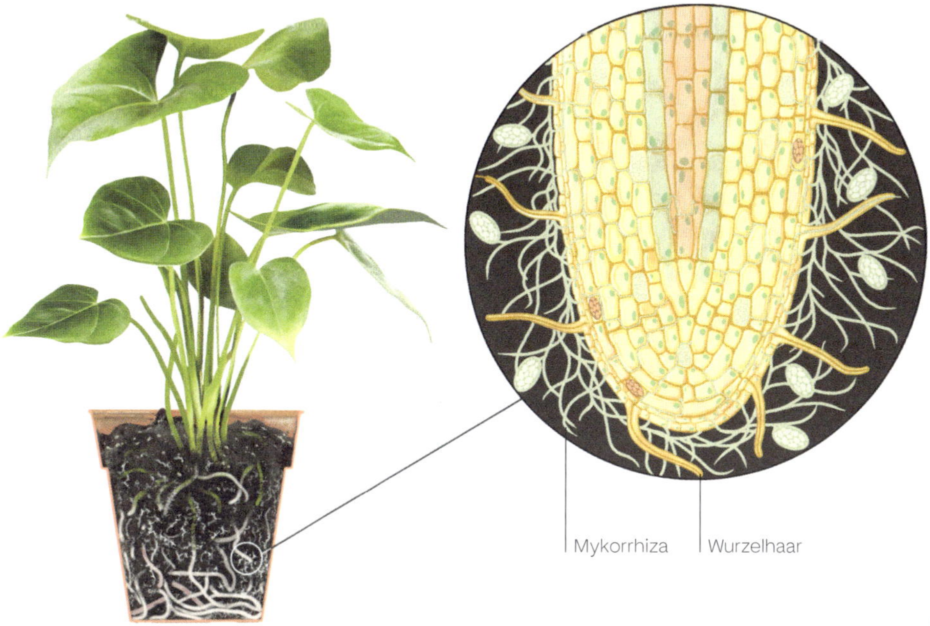

Mykorrhizapilze sind nützliche Organismen, die sich um das Wurzelsystem einer Pflanze herum bilden und Wasser und Nährstoffe zu den Wurzeln transportieren, also ihre Reichweite erhöhen.

→ Das Ausbringen von Mykorrhizapilzen ist ein Kinderspiel und hilft Pflanzen, rasch einzuwachsen.

VERMEHRUNG

Durch Vermehrung kann man sein Arsenal an Pflanzen einfach und preiswert erweitern. Aus nur einem Exemplar Ihres Lieblingsgewächses lassen sich zahlreiche Klone und sogar interessante neue Hybriden gewinnen. Es gibt mehrere Vermehrungsstrategien. Für welche Sie sich entscheiden, hängt auch von der jeweiligen Art ab.

Vermehrungsmethoden

Die Vermehrung ist meine liebste Beschäftigung bei der Pflanzenkultur. Sie beschert mir nicht nur neue Exemplare, ich bekomme dadurch auch ein ganz besonderes Verständnis für meine Gewächse, weil ich sie vom Anfang ihres Lebens an pflege. Wer zusieht, wie die ersten Wurzeln und Blätter entstehen und die Pflanze sich entwickelt, erfährt dabei, wie sich das neue Geschöpf am besten pflegen lässt.

Vervielfältigt man seinen Bestand, bekommt man außerdem Exemplare, mit denen man experimentieren kann, ohne Gefahr zu laufen, die Elternpflanze zu verlieren. Ich probiere gern herum, wie sich Lichtverhältnisse und Substrate sowie sonstige Bedingungen auf das Wachstum auswirken. Manchmal funktioniert das, manchmal nicht – aber jedes Mal bin ich danach um eine Erfahrung reicher. Dieses Wissen kann ich mit anderen teilen und umgekehrt. Durch Vermehrung versorgt man sich zudem kostenlos mit seinen Lieblingsgewächsen, was einem selbst, Freunden und Kunden zugute kommt.

Es gibt etliche Vermehrungsmethoden, manche simpel, andere aufwendig, je nachdem, von welcher Pflanze man Nachschub braucht. Die meisten lassen sich gut zu Hause umsetzen.

NAME *Begonia darthvaderiana × malachosticta*

FAMILIE *Begoniaceae*

GATTUNG *Begonia*

VERBREITUNG Gezüchtete Hybride

LEBENSRAUM Schattiger Regenwaldboden

HABITUS Krautschichtpflanze

TEMPERATURBEREICH 18–25 °C

LICHT 1000–2000 Lux

SUBSTRAT Moos oder Akadama

LUFTFEUCHTIGKEIT 90+ %

WASSERBEDARF Feucht, braucht jedoch stark durchlässige Erde

Begonia darthvaderiana × malachosticta

Diese auffällige Kulturhybride ist eine Kreuzung aus der 2013 in Kalimantan auf Borneo entdeckten *Begonia darthvaderiana* und *B. malachosticta*, die aus Sabah, ebenfalls auf Borneo, stammt. Beide Arten brauchen ganz besondere Wuchsbedingungen, die auch die Hybride verlangt. Für gute Pflege bedankt sie sich mit dunklen, gepunkteten Blättern, die sich als Blattstecklinge eignen (siehe Seite 123).

Beide Begonien bevorzugen eine sehr hohe Luftfeuchtigkeit von 90 Prozent. Ich ziehe mein Exemplar in einem Gewächshaus mit 100 Prozent Luftfeuchtigkeit, doch kann man auch eine Abdeckung wie auf Seite 89 verwenden. In einer so stickigen Atmosphäre muss das Substrat ebenfalls dauerhaft feucht bleiben, zugleich aber gut durchlüftet werden. Wichtig ist ferner, Staunässe zu vermeiden, da die Pflanze sehr leicht fault und dann buchstäblich wegschmilzt. *Begonia darthvaderiana* kommt in freier Natur in der Krautschicht des Dschungels vor. Deshalb sollte nicht zu viel Licht auf die empfindlichen Blätter fallen.

Blattstecklinge

Die Vermehrung durch Blattstecklinge hat etwas Faszinierendes. Manche Arten haben im Lauf der Evolution Strategien entwickelt, sich über ihr Laub fortzupflanzen, wenn die Elternpflanze beschädigt wird. Fällt verletztes Laub auf das Erdreich, verrottet es also nicht, sondern bildet Wurzeln und damit Klone.

Ein großer Vorteil der Stecklingsvermehrung ist, dass man aus nur einem Blatt viele neue Exemplare gewinnen kann. Es lassen sich zudem mehrere in einem Topf oder einer Schale zusammenfassen, was viel Platz spart.

Besonders gut als Blattstecklinge eignen sich Begonien und *Streptocarpus*, doch brauchen sie sehr viel Luftfeuchtigkeit, um einzuwurzeln. Deshalb ist für sie ein Anzuchtkasten oder zumindest ein kleines Glas sinnvoll. Plastiktöpfe eignen sich für Blattstecklinge besser als Tontöpfe, da Kunststoff die dringend benötigte Feuchtigkeit besser hält. Auf der Seite gegenüber erfahren Sie, wie man Pflanzen durch Blattstecklinge vermehrt.

← Begonien lassen sich in Einzeltöpfen oder in Schalen mit vielen anderen Pflanzen vermehren.

So gewinnen Sie (am Beispiel einer Begonie) aus einem einzigen Blatt mehrere neue Pflanzen – während die Elternpflanze frisch und nahezu unversehrt bleibt!

Sie brauchen Messer oder Schere | Fungizid | Wurzelaktivator | Lebendes Moos Plastiktopf, 10 cm | Schale | Anzuchtkasten oder Glas

1. Ein größeres Blatt auswählen. Es sollte nicht so alt sein, dass es bereits angefangen hat nachzulassen, aber auch nicht zu neu und weich, da es dann leicht fault. Blatt am Stiel von der Pflanze abschneiden.

2. Blatt auf eine Fläche legen und entlang der Adern einschneiden oder komplett durchtrennen und in mehrere Streifen schneiden. Versuchen Sie, die Blattform zu bewahren, um später die Unterseite auf das Substrat legen zu können.

3. Auf alle Schnitte Fungizide und Wurzelaktivator streuen. Das ist nicht unbedingt nötig, lässt die zarten Blätter aber leichter Wurzeln bilden und verhindert, dass sie faulen.

4. Das Moos mit Fungizid und Wurzelaktivator in den Topf geben. Ein intaktes Blatt mit dem Stiel ins Moos stecken; Blattstreifen mit der Unterseite nach unten auf das Moos legen.

5. Das eingetopfte Blatt (oder die Streifen) in eine mit Moos ausgeschlagene Schale setzen und in einen Anzuchtkasten stellen. Ideal sind 90–100 % Luftfeuchtigkeit und gute Durchlüftung.

6. Nach einigen Wochen beginnen die Blätter einzuwurzeln, sodass entlang der Adern frische Pflänzchen entstehen. Vorsichtig abschneiden und separat eintopfen, sobald sie Blätter bilden.

Triebstecklinge

Die meisten Zimmerpflanzen lassen sich durch Triebstecklinge relativ einfach vermehren. Dabei entstehen exakte Kopien der Mutterpflanze.

Ich nehme Stecklinge von meinen eigenen Mutterpflanzen, behalte aber stets einige Reserveexemplare, die ihre Stelle einnehmen können. Denn wenn man immer Stecklinge von einer Pflanze nimmt, schwächt man sie im Lauf der Zeit. Verwenden Sie daher nur gesundes Material und schneiden Sie die Stecklinge zu einer relativ kühlen Tageszeit ab, um sicherzugehen, dass sie genug Saft enthalten. Ich wässere und dünge die jeweilige Pflanze ein, zwei Tage vor dem Abnehmen von Stecklingen immer gut.

Sobald der Steckling abgeschnitten ist, gilt es einige Dinge zu beachten, damit aus ihm eine gesunde neue Pflanze entsteht. Geben Sie ihm ein feuchtigkeitsspeicherndes, zugleich aber stark durchlässiges Substrat, das ihn mit ausreichend Wasser versorgt, ohne dass er fault (siehe Seite 87). Ich verwende für meine Stecklinge immer Tongefäße, da sie porös sind und daher die Durchlüftung des Ballens besser ist. Viel Wärme, Luftfeuchtigkeit und ausreichend Licht (siehe Seite 24 und 88) lassen die Stecklinge bald Wurzeln schlagen und einwachsen. Ein ideales warmes Ambiente bekommen sie in einem Anzuchtkasten, doch geht es auch ohne. Sie können die Pflänzchen auch in eine große, durchsichtige Transportkiste stellen und ein Wärmekissen mit hineingeben, falls die Umgebungstemperatur unter 20 °C liegt. Wärmekissen bekommen Sie beispielsweise im Zoofachhandel für Reptilien.

Ein frischer Steckling von *Rhaphidophora tetrasperma* 'Variegata'

VERMEHRUNG MIT TRIEBSTECKLINGEN

Mit Triebstecklingen lassen sich neue Pflanzen aus alten gewinnen – das geht ganz einfach und ist das ganze Jahr über möglich, sofern die Mutterpflanze geeignete, gesunde Triebe hat, die man abschneiden kann.

Sie brauchen Scharfes, desinfiziertes Messer oder Schere | Tontopf oder Saatschale
Lebendes Moos | Anzuchtkasten

1. Einen gesunden Trieb mit Blatt, Blattstiel, Achselknospe und Knoten (die Stelle, an der das Blatt sitzt) auswählen. Trieb direkt unterhalb des Knotens abschneiden, aber ein Triebstück daran lassen – falls es fault, kann es entfernt werden.

2. Das Blatt auf eine ebene Fläche legen und seine obere Hälfte abschneiden. Das verringert den Wasserverlust durch Verdunstung, sodass der Trieb besser neuen Wuchs bilden kann.

3. Einen Tontopf oder eine Saatschale mit Moos füllen und den Trieb mit dem Knoten darauf platzieren. Hat der Trieb Luftwurzeln, bedecke ich nur die Wurzeln, nicht jedoch den Knoten mit Erde.

4. Das Gefäß mit dem Trieb in einen Anzuchtkasten stellen. Tagsüber auf 25–30 °C, nachts auf 10 °C oder kühler einstellen, um eine rasche Wurzelbildung zu erreichen.

5. Noch vor der Wurzelbildung sollte ein neues Blatt erscheinen. Nach dem Einwurzeln nach und nach immer länger aus dem Kasten holen, um die Pflänzchen abzuhärten.

6. Nach dem Abhärten das neue Pflänzchen an seinen endgültigen Platz stellen.

NAME *Alocasia melo*

FAMILIE *Aracaea*

GATTUNG *Alocasia*

VERBREITUNG Sabah auf Borneo

LEBENSRAUM Felsige, feuchte Biotope

HABITUS Aufrecht

TEMPERATURBEREICH 25–30 °C

LICHT 4000–8500 Lux

SUBSTRAT Grober Tropenpflanzenmix

LUFTFEUCHTIGKEIT 60+ %

WASSERBEDARF Substrat gleichbleibend feucht halten

Alocasia melo

A. melo ist eine Pflanze, die zum Anfassen reizt. Mit ihren tief geäderten, rauen und fleischigen Blättern hat sie eine der auffälligsten Laubtexturen des Pflanzenreichs. Sie stammt aus dem Dschungel von Sabah auf Borneo, wo sie allerdings wie viele Arten der Region immer seltener wird. Man kann sie selbst vermehren, indem man ihre Knollen erntet. Außerdem wird sie inzwischen durch Gewebekultur vermehrt (siehe Seite 135) und ist als Kulturpflanze erhältlich, womit die Zukunft dieser einmaligen, schönen Art in freier Natur hoffentlich gesichert ist. Sie bevorzugt felsigeres Terrain als viele *Alocasia*-Arten. Obwohl sie es feucht mag, verträgt sie keine Staunässe und braucht ein lockeres, luftiges Substrat. Zwischen dem Wässern darf sie völlig austrocknen.

A. melo gedeiht bei sehr hoher Luftfeuchtigkeit (Tipps dazu siehe Seite 88) und reagiert darauf mit weniger verwachsenen Blättern. Erreichen lässt sich eine hohe Wassersättigung der Luft in Gewächshäusern, doch in Wohnungen ist das schwierig. Die Farbe der Blätter verändert sich mit dem Lichtangebot: Sie ist im Halbschatten hell stahlgrau und in direktem Licht grün.

Knollen

Knollenpflanzen wie *Alocasia*, Begonien und einige Angehörige der Ingwerfamilie lassen sich auf zweierlei Arten vermehren. Zum einen kann man die Hauptknolle der Elternpflanze teilen, zum anderen ihre kleinen Tochterknollen ernten und separat eintopfen.

In freier Natur treiben die Knollen Wurzeln aus, die an ihrem Ende kleine Knollen bilden. Sobald sie ausreichend groß sind, entstehen daraus neue Pflanzen. So breiten Arten wie *Alocasia* sich in ihrer natürlichen Umgebung in Form von Kolonien aus, die mit ihrem Laubteppich ins Auge fallen.

Viele scheuen sich vielleicht, direkt in die Knollen zu schneiden (siehe Seite 129). Für sie kommt eher das Ernten der Tochterknollen infrage, das kein so radikaler Eingriff ist. Beide Methoden beschreibe ich auf den nächsten Seiten, sodass Sie jede ausprobieren können. Für welche Sie sich entscheiden, ist einerlei, denn beide eignen sich vorzüglich zur Vermehrung der jeweiligen Art.

Erntereife Knollen von *Alocasia melo*

VERMEHRUNG DURCH TOCHTERKNOLLEN

Zwischen den Pflanzenwurzeln im Topf nach Tochterknollen zu suchen macht mir viel Spaß. Man weiß nie, ob man etwas findet, aber wenn man etwas herausholen kann, fühlt sich das an wie die Belohnung der ganzen Pflege, die man den Pflanzen zukommen hat lassen. Außerdem ist es eine relativ schonende Methode der *Alocasia*-Vermehrung.

Sie brauchen Glas oder Nahrungsmittelbehälter mit Deckel | Moos

1. Zuerst die Oberfläche des Ballens absuchen: *Alocasia* schieben ihre Tochterknollen oft aus dem Substrat heraus.

2. Ballen ggf. durch Drücken des Topfs oder Klopfen auf den Boden lockern. Dann Topf vorsichtig umdrehen, Ballen festhalten und aus dem Topf gleiten lassen.

3. Tochterwurzeln mit den Fingern aus dem Wurzelballen herausholen. Falls sie sich nicht von den Wurzeln zupfen lassen, durch Drehen lösen.

4. Substrat von den Knollen waschen (entweder unter fließendem Wasser oder in einer Schale).

5. Boden eines Glases 2–5 cm dick mit feuchtem Moos bedecken. Knollen mit einigen Zentimetern Abstand zueinander darauflegen. Nicht im Moos versenken.

6. Glas mit einem Deckel verschließen und an einen sehr warmen Platz (30 °C) stellen. Bewurzelte Pflänzchen durch immer längeres Öffnen des Deckels abhärten.

VERMEHRUNG DURCH KNOLLENTEILUNG

Keine Angst vor dieser Vermehrungsmethode – wenn man sie beherrscht, ist sie ein Kinderspiel. Man kann sie das ganze Jahr über anwenden, doch funktioniert sie besonders gut während der winterlichen Ruhephase der Pflanze.

Sie brauchen Desinfizierte Schere oder Messer | Tontopf (10 cm) | Substrat (für diese Pflanze nehme ich eine Tropenpflanzenmischung) | Anzuchtkasten

1. Pflanze vorsichtig aus dem Topf gleiten lassen. Substrat von der Knolle lösen, sodass die Knolle freigelegt wird.

2. Den oberirdischen Wuchs mit allen Blättern von der Knolle abschneiden.

3. Die nackte Knolle in mehrere Abschnitte teilen, aber darauf achten, dass jeder Abschnitt noch mindestens ein Auge trägt, also einen kleinen Höcker, der neu austreibt.

4. Die einzelnen Abschnitte mehrere Stunden lang auf einer trockenen Fläche liegen lassen, damit sie trocknen und sich ein Kallus bildet.

5. Jeden Abschnitt so tief wie vorher in einen separaten Topf pflanzen. Manche Arten, etwa *Alocasia*, vertragen keine Störung, sodass man sie gleich in ihren endgültigen Topf setzt.

6. Bei 25 °C in einen Anzuchtkasten stellen. Für Durchlüftung sorgen, damit die Knollen nicht faulen. Sobald die Wurzeln den Topf füllen, in einen etwas größeren Topf umpflanzen.

Bestäubung und Samenbildung

Sie gehört zu den gängigsten Vermehrungsmethoden. Durch sie habe ich mir die Grundlagen der Pflanzenbiologie angeeignet. Trotzdem wird sie bei der Zimmerpflanzenkultur oft außer Acht gelassen – vielleicht, weil wir die Gewächse in unserer Wohnung selten wegen ihrer Blüte ziehen. Das gilt vor allem für Aronstabgewächse.

Gerade sie sind interessant, weil die Blütenstände sich von Art zu Art unterscheiden. Manche sind zwittrig, tragen also Blüten, die männlich und weiblich zugleich sind, andere haben einen Kolben (Spadix), an dem männliche und weibliche Blüten sitzen. Meist ist der Kolben von einem blattartigen Hochblatt, der Blütenscheide (Spatha), umschlossen. Die weiblichen Blüten öffnen sich in der Regel zuerst, damit keine Selbstbestäubung durch die männlichen Blüten darüber erfolgt. Die meisten Blütenpflanzen sind zwittrig und viele können sich selbst bestäuben.

Damit bei Pflanzen mit männlichen und weiblichen Blüten an einem Kolben eine Bestäubung stattfinden kann, öffnet sich die Blütenscheide und lässt Bestäuber in die Blüte, sobald die weiblichen Blüten empfängnisbereit sind. Insekten tragen den Pollen der männlichen Blüten zu einer anderen Pflanze und bestäuben dort die weiblichen Blüten. Bei vielen Pflanzen ist der Kolben glitschig und schließt sich, sodass die Bestäuber nachts im Inneren eingeschlossen werden. Das erhöht die Wahrscheinlichkeit einer Bestäubung und bietet den Insekten zugleich die perfekte Umgebung, um sich selbst fortzupflanzen.

Sind die weiblichen Blüten nicht mehr empfängnisbereit, beginnen die männlichen Pollen zu produzieren, und die Blütenscheide öffnet sich wieder. Die Bestäuber krabbeln den Kolben hoch, streifen dabei Pollen von den männlichen Blüten und tragen ihn zu den weiblichen einer anderen Pflanze.

Verschiedene Pflanzenarten haben Tricks entwickelt, um die Bestäubungsrate zu verbessern. So setzen manche Duft, Farbe und Wärme (Thermogenese, siehe gegenüber) ein, um Bestäuber anzulocken.

Wer selbst zu Hause als Bestäuber tätig werden will, kann den Pollen männlicher Blüten einfrieren und warten, bis die nächste weibliche Blüte empfängnisbereit ist. Dann überträgt man den Pollen mit einem feinen Malpinsel oder den bloßen Fingern auf die weiblichen Blüten. Mehrmalige Anwendung erhöht die Erfolgschancen.

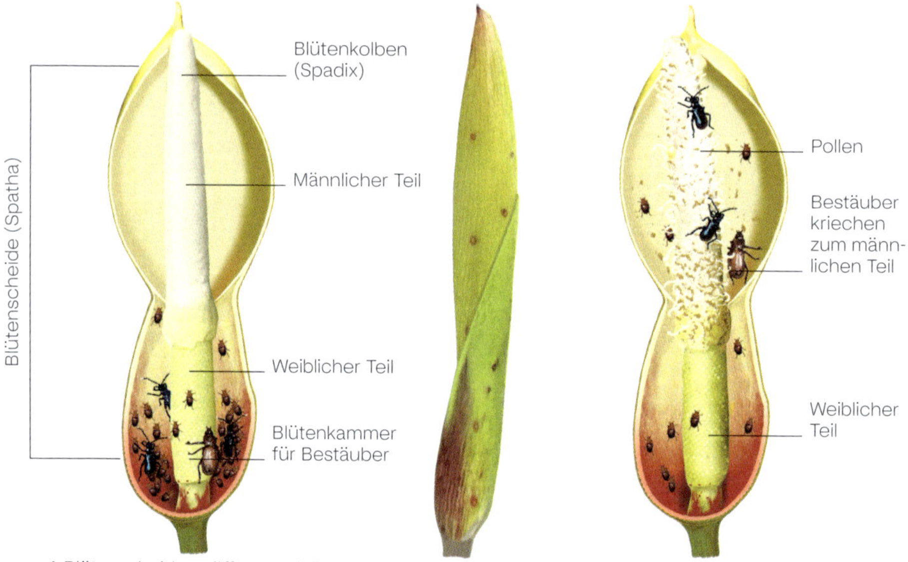

1 Blütenscheide geöffnet, weibliche Blüten empfängnisbereit

2 Blütenscheide geschlossen

3 Blütenscheide geöffnet, weibliche Blüten nicht mehr empfängnisbereit

← Illustration mit den Bestäubungsphasen eines *Philodendron-spiritus-sancti*-Kolbens

← Die Titanenwurz (*Amorphophallus titanum*) ist blühend ein spektakulärer Anblick, stinkt jedoch zum Davonlaufen.

Thermogenese

Manche Pflanzen haben eine clevere Taktik entwickelt, um Bestäuber anzulocken: die Erzeugung von Wärme, Thermogenese genannt. Als Erster beschrieb sie 1778 der Naturforscher Jean-Baptiste Lamarck, nachdem er beobachtet hatte, dass ein Blütenstand von *Arum italicum* seine Temperatur veränderte. Die Thermogenese in Kombination mit Duftstoffen veranlasst Bestäuber, die immer gleiche Art anzufliegen. Das begrenzt die Zahl der durch Fremdbestäubung entstehenden Hybriden und erhöht die Chancen auf eine erfolgreiche Bestäubung. Die Wärme verbreitet den Blütenduft, sodass Bestäuber in der Krautschicht des Dschungels leichter auf ihn aufmerksam werden. Außerdem imitieren die Pflanzen dadurch die Wärmeentwicklung, die beim Faulen von Fleisch oder Früchten entsteht.

Dieser faszinierende Vorgang kann sich von Art zu Art unterscheiden. Manche Pflanzen erwärmen sich über einen kurzen oder längeren Zeitraum nur minimal, andere schrauben ihre Temperatur auf 35 °C oder noch ein bisschen mehr nach oben.

Das vielleicht bekannteste Beispiel von Thermogenese bei einer Pflanze ist *Amorphophallus titanum*. Sie trägt die mit drei Meter Höhe größte Einzelblüte der Welt. Im Englischen wird sie auch »Leichenblüte« genannt, denn ihr Geruch soll Fliegen und Aaskäfer anlocken und erinnert deshalb an fauliges Fleisch.

A. titanum trägt männliche und weibliche Blüten an einem Kolben. Die weiblichen Blüten am Ansatz öffnen sich zuerst. Gleichzeitig erwärmt sich der Kolben in Wellen auf etwa 36 °C. Sobald er sich abkühlt, erscheinen die männlichen Blüten. Auch sie setzen auf Thermogenese, aber anders: Statt den Kolben zu erhitzen, werden nur die einzelnen männlichen Blüten wärmer, um gezielt Bestäuber anzulocken.

NAME *Anthurium warocqueanum*

FAMILIE *Aracaea*

GATTUNG *Anthurium*

VERBREITUNG Kolumbien

LEBENSRAUM Tieflandregenwald

HABITUS Epiphytisch

TEMPERATURBEREICH 15–30 °C

LICHT 5000–10 000 Lux

SUBSTRAT Rindenmulch oder Moos

LUFTFEUCHTIGKEIT 90+ %

WASSERBEDARF Feucht halten, zwischen dem Wässern austrocknen lassen

Anthurium warocqueanum

Sieht man diese kolumbianische Schönheit, versteht man, warum sie gelegentlich als »Königin der Anthurien« bezeichnet wird. Ihre samtigen Blätter werden riesig, doch nicht nur ihre Größe, auch ihr Entstehungsprozess fasziniert. Jedes Blatt ist von Anfang an voll ausgebildet, aber zunächst weich und winzig. Erst mit der Zeit wird es größer und fester und entwickelt seine samtig-matte Textur, die zum Anfassen einlädt. Am wirkungsvollsten lässt sich die Pflanze durch Bestäubung mit ihren eigenen Pollen oder denen eines weiteren Exemplars vermehren. Sobald sich die Samen gebildet haben, erntet man sie und sät sie aus (siehe Seite 134). Jedes neu austreibende Blatt wird dabei um ein Drittel größer als das vorige. Ich kultiviere meine Exemplare in einem Gewächshaus und in Töpfen mit einem ausschließlich aus Moos bestehenden Substrat. Gedüngt wird bei jedem zweiten Wässern oder sogar – wenn ein neues Blatt entsteht – bei jedem Wässern.

SAMEN ERNTEN UND AUSSÄEN

Samen ernten? Klingt kompliziert, ist in Wirklichkeit aber eine weitere sehr einfache Vermehrungsstrategie, die wenig Ausrüstung erfordert und problemlos zu Hause möglich ist.

Sie brauchen Schere | Behälter (Schale oder Glas) | Schale mit Wasser | Saatschale mit Deckel | Feuchtes Moos | Töpfe | Anzuchtkasten

1. Nach erfolgreicher Bestäubung schwillt der Ansatz des Blütenstands an der Pflanze an. Blütenstand mit der Schere abschneiden, sobald er angeschwollen ist und die Beeren reif sind

2. Früchte mit der Hand lösen und in ein Glas geben.

3. Früchte in eine wassergefüllte Schale geben und etwas zerdrücken, um die Samen aus dem Fleisch herauszulösen.

4. Samen so in eine weitere Schale schütten, dass das Fruchtfleisch in der alten Schale zurückbleibt.

5. Gesamtes Saatgut in eine moosgefüllte Schale streuen, statt einzeln in Töpfe zu stecken. Samen auf der Oberfläche verteilen, bedecken und an einen warmen, hellen Platz stellen.

6. Sobald die Sämlinge 2–3 Blätter haben, in Töpfe mit Moos vereinzeln und in einen Anzuchtkasten stellen, bis sie 4–5 Blätter tragen.

→ Für die Gewebekultur füllt man Agar in einen Glasbehälter, der mit Pflanzengewebe besetzt wird.

Gewebekultur

Die Gewebekultur, auch Mikrovermehrung genannt, ist eine Klontechnik, bei der Pflanzen im Labor aus ihren Zellen vermehrt werden. Diese befinden sich unter optimalen Bedingungen in einer sterilen, künstlichen Umgebung und werden dazu gebracht, sich zu teilen und neue Pflanzen zu bilden. Die meisten gewerblich verkauften Zimmerpflanzen werden heute auf diese Weise vermehrt.

Manchmal sind zwar auch Mutationen wie Panaschierungen (siehe Seite 140) gefragt, doch in der Massenproduktion will man möglichst identische Exemplare hervorbringen. Die Gewebekultur ermöglicht eine schnellere, ressourcenschonendere Anzucht als bei der herkömmlichen Vermehrung.

Dazu wird ein »Protokoll« für die Erzeugung jeder Pflanze erstellt, damit Züchter Zellen bester Qualität effizient vermehren können. Dabei kommen mehrere chemische Stoffe und Hormone zum Einsatz. Die jeweiligen Zellen sollen sich immer dann vermehren, wenn es am vorteilhaftesten ist. Anfangs ergeben sich noch Mutationen. Im Lauf der Zeit und mit fortschreitenden Experimenten wird das Protokoll dann feinjustiert, um bestimmte Mutationen zu erhalten, die sich positiv auswirken und gesündere, robustere Pflanzen hervorbringen.

In Gewebekultur vermehrte Pflanzen sind je nach Mutterpflanze und Protokoll von sehr unterschiedlicher Qualität. Wichtig ist dabei eine absolut sterile Umgebung, um eine Kontamination mit Mikroben zu vermeiden. Deshalb erfolgt die Vermehrung in Laboren.

Beim Kauf von Pflanzen aus Gewebekultur sollte man die übliche Qualitätsprüfung durchführen (siehe Seite 17), zugleich aber sehr kleine Exemplare und solche in Laborflaschen vermeiden. Das Risiko, dass diese Pflanzen eingehen, ist ohne professionelle Pflege sehr hoch.

NAME *Philodendron spiritus-sancti*

FAMILIE *Aracaea*

GATTUNG *Philodendron*

VERBREITUNG Espirito Santo, Brasilien

LEBENSRAUM Tropenwälder

HABITUS Hemiepiphyt

TEMPERATURBEREICH 25–30 °C

LICHT 5000–16 000 Lux

SUBSTRAT Rindenmulch oder Moos

LUFTFEUCHTIGKEIT 50–80 %

WASSERBEDARF Dauerhaft feuchtes Substrat

Philodendron spiritus-sancti

Dieser *Philodendron* gehört zu den wenigen Pflanzen, die in Kultur häufiger sind als in freier Natur. Derzeit wird die seltene Art als gefährdet gelistet. Sie kommt nur in einem sehr kleinen Gebiet des brasilianischen Bundesstaats Espírito Santo vor und hat daher eine sehr geringe genetische Vielfalt. Zum Glück wurde sie als Kulturpflanze entdeckt und entsprechend gezüchtet, obwohl die Vermehrung schwierig und eher etwas für Profis ist. Kürzlich wurde zum ersten Mal eine Bestäubung in Kultur dokumentiert; außerdem hat man schon Pflanzen mittels Gewebekultur vervielfältigt (siehe Seite 135). Somit ist dieser *Philodendron* ein vorzügliches Beispiel für eine erfolgreiche Arterhaltung außerhalb seines natürlichen Lebensraums. Es bleibt zu hoffen, dass er eines Tages wieder in die Natur zurückgeführt werden kann.

Gerade weil *P. spiritus-sancti* so selten ist, wird er manchmal kaputt gepflegt. Er ist robust und wächst zwar langsam, will aber lieber zu wenig Wasser als zu viel. Als Hemiepiphyt (er verbringt einen Teil seines Lebenszyklus als Aufsitzerpflanze auf anderen Gewächsen) verträgt er keine Staunässe. Am schönsten wächst er, wenn er von allen Seiten oder von oben Licht bekommt.

PANASCHIERUNG

Pflanzen mit gemustertem bzw. mehrfarbigem Laub sind zwischen Gewächsen mit einfarbig grünen Blättern unübersehbar. Wie Panaschierung zustande kommt, ist ein faszinierender Vorgang. Man kann ihn mit etwas Spezialpflege unterstützen, wenn man die Entstehungsmechanismen versteht.

Das Geheimnis der Panaschierung

Panaschierung, auch Variegation genannt, ist eine Muster- bzw. Farbvariation bei Pflanzen. Sie tritt an Blättern, Trieben, Blüten und sogar Wurzeln auf. Weiß man, wie Panaschierung entsteht, versteht man auch, welche Ansprüche die davon betroffenen Gewächse haben und wie man sie am besten behandelt und pflegt.

Unter Pflanzenfreunden gibt es zwei entgegengesetzte Lager: Die einen mögen Panaschierung, die anderen nicht. Manche halten sie für aufdringlich und unschön. Einige Puristen finden sogar, dass die Pflanzen krank aussehen und schwieriger zu pflegen sind als ihre rein grünen Pendants. Andere, und dazu gehöre ich, mögen Panaschierungen und schätzen diese Besonderheit in all ihren Varianten.

Panaschierung kommt auch in freier Natur vor. Ein Beispiel dafür ist *Aglaonema pictum* 'Tricolor' mit stabiler genetischer Musterung (siehe gegenüber). Sie ist vermutlich entstanden, weil die Blätter so besser mit der Vegetation auf dem schattigen Dschungelboden von Sumatra verschmelzen. Genmutationen sind entweder genetisch fixiert, chimär oder viral bedingt (siehe Seite 145 und 148).

Fünf Beispiele

Philodendron hastatum 'Variegata'
Philodendron spiritus-sancti 'Variegata'
Philodendron mamei 'Variegata'
Alocasia amazonica 'Variegata'
Rhaphidophora foraminifera 'Variegata'

Genetisch fixierte Panaschierung

Diese Art der Panaschierung ist auf ein »Mustergen« zurückzuführen, deren Erbinformation eine mehrfarbige Zeichnung der Pflanze verursacht. Panaschierung kommt zwar in freier Natur vor, doch der Grund dafür ist umstritten. Manche Fachleute glauben, dass die Pflanze damit einen Befall durch Schädlinge oder Krankheitserreger imitiert, um sich vor Fressfeinden zu schützen. Andere halten die Zeichnungen schlichtweg für eine Form der Tarnung. Möglicherweise trifft auch beides zu.

Für Pflanzenliebhaber sind Varianten mit genetisch fixierter Panaschierung nicht nur interessant zu kultivieren, sondern bieten auch Gelegenheit, optisch ansprechende neue Hybriden und Sorten zu züchten. Da die genetische Information konstant ist, ändert sich die Panaschierung nicht, weshalb generativ oder vegetativ vermehrte Exemplare exakte Kopien der Mutterpflanze sind.

Mit Ausnahme botanisch seltener oder geschützter Arten stehen Exemplare mit stabiler genetischer Panaschierung unter Sammlern nie allzu hoch im Kurs, denn der Bedarf auf dem Markt lässt sich leicht decken.

Die Panaschierung von *Aglaonema pictum* 'Tricolor' erinnert an die Musterung militärischer Tarnkleidung.

Aglaonema pictum 'Tricolor'

Die Nachfrage nach *Aglaonema pictum* 'Tricolor' ist riesig, weshalb die Pflanze in ihrer Heimat einem enormen illegalen Sammeldruck ausgesetzt ist. Die Art wächst in der Krautschicht des Dschungels. Dort ist es zwar relativ lichtarm, aber noch immer heller als an Standorten, die man in Wohnungen als dunkel bezeichnen würde. Sie kommt mit einer Lichtstärke von rund 1000 Lux zurecht, aber um gut zu gedeihen, braucht sie mindestens 2000 Lux. Vorteilhaft ist zudem eine hohe Luftfeuchtigkeit von über 70 Prozent, obwohl ich schon Exemplare gesehen habe, die sich bei 50–60 Prozent wohlgefühlt haben.

A. pictum 'Tricolor' blüht bereitwillig, vor allem, wenn sie gestresst ist oder einen kaliumreichen Dünger bekommt. Sie lässt sich durch Bestäubung vermehren (siehe Seite 130) – die Keimrate der Samen ist hoch (siehe Seite 134). Außerdem ist eine vegetative Vermehrung mit Triebstecklingen oder durch Teilung möglich (siehe Seite 124).

NAME *Aglaonema pictum* 'Tricolor'

FAMILIE *Araceae*

GATTUNG *Aglaonema*

VERBREITUNG Sumatra

LEBENSRAUM Krautschicht im Dschungel

HABITUS Terrestrisch

TEMPERATURBEREICH 20–34 °C

LICHT 2000–5500 Lux

SUBSTRAT Rindenmulch oder Moos

LUFTFEUCHTIGKEIT 70+ %

WASSERBEDARF Leicht feucht halten; darf zwischen dem Wässern austrocknen

↑ *Philodendron gloriosum* 'Variegata' hat eine sehr instabile chimäre Panaschierung.

Chimäre Panaschierung

Diese Form der Panaschierung tritt bei Pflanzen mit zwei Genpools auf. Dabei produzieren manche Zellen Chlorophyll, andere hingegen nicht. Die Blätter können alle Grünschattierungen annehmen, aber auch weiß und gelb sein. Jedes Blatt ist in seiner Färbung und Musterung ein Unikat.

Dieses instabile Aussehen ist selbst für erfahrenste Gärtner eine Herausforderung, denn bei der Vermehrung gibt es Unwägbarkeiten, sodass Spezialwissen nötig ist.

Chimäre Panaschierung kommt durch natürliche Auslese bedingt in freier Natur selten vor. Mit anderen Worten: Exemplare mit dieser Färbung werden von ihren nicht panaschierten Nachbarn verdrängt. Neuere Forschungsergebnisse allerdings deuten darauf hin, dass bei manchen Pflanzen eine Panaschierung auch ein evolutionärer Vorteil ist und bessere Kälteresistenz oder Schutz vor Pflanzenfressern bietet. Da Letztere nicht immer Farben sehen, dient eine Panaschierung mit ihren unterschiedlichen Tönen und Kontrasten als Tarnung und lässt die Pflanzen besser mit ihrer Dschungelumgebung verschmelzen. Das verringert das Risiko, gefressen zu werden.

Beim Auftreten von Chimären spielt immer auch die Häufigkeit eine Rolle. Wenn in Kultur enorme Pflanzenmengen erzeugt werden, ist die Wahrscheinlichkeit größer, dass Chimären auftreten. Früher hingegen wurde die chimäre Panaschierung in der gewerblichen Pflanzenzucht unterdrückt, denn man legte Wert auf Einheitlichkeit. Heute dagegen gibt es aufgrund der Seltenheit wünschenswerter Panaschierungen und der Herausforderung, die eine Vermehrung mit sich bringt, eine enorme Nachfrage nach diesen einzigartigen Schönheiten. So sind Sammler bereit, zum Teil sechsstellige Summen für besondere Varianten zu bezahlen.

→ Nur Jungblätter von *Monstera dubia* tragen reflektive Panaschierung.

Reflektive Panaschierung

Reflektive Panaschierung kommt bei vielen Waldpflanzen der Krautschicht vor. Der Effekt entsteht durch Lufteinschlüsse unter der Epidermis (die äußerste Zellschicht). Dadurch wird Licht anders reflektiert, sodass die blasig aufgetriebene Fläche silbrig wirkt.

Es gibt viele Theorien, warum diese Form der Panaschierung entstanden ist. Einer zufolge verbessert sie die Lichtabsorption. Andere besagen, dass die Farbunterschiede als Tarnung und Schutz vor Pflanzenfressern dienen – oder auch als scheinbarer Fraßschaden von Insekten, der andere Schädlinge abhält, sich ebenfalls über das Blatt herzumachen.

Interessanterweise verlieren viele Pflanzen ihre reflektive Panaschierung, wenn sie ins Laubdach klettern. Wer den Wandel hin zur adulten Form beobachten möchte, gibt ihnen etwas zum Klettern – ein Brett, eine Moossäule, eine Wand. Wollen Sie hingegen diese Form der Panaschierung erhalten, vermehren Sie die Pflanze mit Stecklingen oder durch Aussaat (siehe Seite 123, 125 und 134).

NAME *Rhaphidophora tetrasperma* 'Variegata'

FAMILIE *Aracea*

GATTUNG *Rhaphidophora*

VERBREITUNG Südthailand und Malaysia

LEBENSRAUM Tropischer Dschungel

HABITUS Kletterpflanze

TEMPERATURBEREICH 15–28 °C

LICHT 5000–11 000 Lux

SUBSTRAT Moos oder Tropenpflanzenerde

LUFTFEUCHTIGKEIT 60+ %

WASSERBEDARF Feucht

Rhaphidophora tetrasperma 'Variegata'

Während die nicht panaschierte Art *Rhaphidophora tetrasperma* sowohl in freier Natur als auch in Kultur häufig anzutreffen ist, kommt die panaschierte Form in der Wildnis aufgrund natürlicher Auslese nicht vor. Die chimäre Panaschierung (siehe Seite 145) entsteht durch zufällige Mutation oder Gewebekultur (siehe Seite 135). Bei den meisten Exemplaren ist die Panaschierung sehr instabil und lässt sich nicht immer erhalten. Nur einige wenige Mutterpflanzen sind stabiler.

Rhaphidophora tetrasperma 'Variegata' stellt keine großen Ansprüche, braucht aber gute Pflege. Als Substrat eignet sich Moos oder ein Tropenpflanzenmix aus Rinde, Kompost und Farnkraut, der Feuchtigkeit speichert und trotzdem durchlässig ist. Er sollte gleichbleibend feucht gehalten werden – trocknet er aus, absorbieren die weißen Blattzellen nach dem Gießen Wasser zu schnell, platzen und werden braun. Optimal sind 15–28 °C; bei höheren Temperaturen entsteht weiches Gewebe, das zum Vertrocknen neigt. Wichtig ist ein großer Topf, damit die Pflanze Platz hat, und eine Moos- oder Rindensäule (siehe Seite 67) zum Klettern, damit sie fenestrierte Blätter bildet.

Induzierte Panaschierung

Eine Panaschierung lässt sich unter Laborbedingungen künstlich hervorrufen, entweder als dauerhafte genetische Mutation, als chimäre Panaschierung oder als vorübergehende Veränderung. Diese Induzierung ist gängige Praxis und wird genutzt, um neue Sorten auf den Markt zu bringen. Allerdings weist man selten explizit darauf hin.

Manchmal wird die Panaschierung gezielt hervorgerufen, dann wieder ist sie ein Zufallsprodukt anderer Prozesse wie der Gewebekultur (siehe Seite 135). Letztere dient der Erzeugung großer Pflanzenmengen, was eine Mutation wahrscheinlicher macht. Aber auch das Verfahren selbst und die dabei eingesetzten Chemikalien erhöhen die Chance, dass eine Mutation auftritt.

Am häufigsten wird bei der Induzierung einer Panaschierung mit Mutationen gearbeitet. Dabei behandelt man Pflanzen und ihre Zellen mit Chemikalien, Radioaktivität und anderen externen Aggressoren. Die dabei entstehenden Mutationen schlagen sich in allerlei Veränderungen im Aussehen der Pflanze nieder – die Panaschierung ist eine von vielen. Erhalten und kultiviert werden nur Exemplare mit wünschenswerten Merkmalen.

Sogar Viren kommen bei der Entwicklung neuer Sorten zum Einsatz – mitunter zufällig, manchmal aber auch gezielt. Das Wort »Virus« weckt bei vielen Ängste, aber sie sind oft in Pflanzen vorhanden und richten dort keinen oder kaum einen Schaden an. Das berühmteste Beispiel für ein vorteilhaftes Virus war die Tulpenmanie im 17. Jahrhundert, bei der jede infizierte Tulpe für enorme Summen gehandelt wurde, weil der Erreger eine wünschenswerte Mutation hervorrief. Auch heute noch gibt es viele bekannte Pflanzen, darunter einige Kamelien- und Veilchensorten, die sehr hübsche Panaschierungen infolge einer Virusinfektion tragen.

Monstera 'Thai Constellation' hat eine verlässliche Panaschierung. Sie ist möglicherweise durch Induzierung einer Mutation bei *Monstera deliciosa* entstanden.

Veränderungen

Viele Pflanzen haben eine variable Panaschierung. Früher galt die chimäre Panaschierung als unerwünschter Gendefekt, doch mittlerweile werden Pflanzen mit dieser Art von Farbveränderung von Sammlern geschätzt. Zudem hat sich gezeigt, dass sich Mutationen bisweilen positiv auswirken. So wurde beispielsweise im Rahmen einer Forschungsarbeit entdeckt, dass eine Wildpflanze mit einer weißen chimären Panaschierung kälteresistenter war als die nicht panaschierte Form. Mehrere Versuche unter wechselnden Bedingungen bestätigten dieses Ergebnis.

Es gibt wenig Informationen darüber, welche Wirkung Licht auf eine Panaschierung hat. Ich war – wie die meisten Zimmerpflanzenexperten – lange der Ansicht, dass chimäre Panaschierung unveränderlich und zufällig sei. Bei den Recherchen zu diesem Buch stieß ich allerdings auf mehrere Arbeiten, die sich mit der Wirkung von Licht auf die Panaschierung verschiedener Pflanzengattungen befassten. Dabei setzte man einzelne Exemplare unterschiedlichen Lichtbedingungen aus und beobachtete, inwieweit sich die Laubzeichnung veränderte. Es zeigte sich, dass Pflanzen, die einer höheren Lichtintensität ausgesetzt waren, eine stärkere Panaschierung entwickelten.

Eine faszinierende Studie von Wissenschaftlern der University of Florida über die Kommunikation zwischen Mutter- und Tochterpflanzen bewies anhand der Veränderungen der Panaschierung, dass Mutterpflanzen mit Pflänzchen kommunizieren, die über Stolonen (Ausläufer) mit ihnen verbunden sind. Dabei setzte man die Mutter- und Tochterpflanzen zunächst der gleichen und dann unterschiedlichen Lichtmengen aus. Manchmal bekamen die Mutterpflanzen mehr Licht, dann die Tochterpflanzen. Interessanterweise reduzierte sich bei den Mutterpflanzen die Panaschierung und sie wurden grüner, wenn sie einer höheren Lichtintensität ausgesetzt waren als die Tochterpflanzen, obwohl sich die Panaschierung eigentlich hätte verstärken sollen. Das bedeutet nicht nur, dass Mütter und Töchter kommunizieren, sondern dass die Panaschierung vom Licht verändert wird.

Es ist demnach möglich, Panaschierungen über Helligkeit und Wärme zu beeinflussen. Allerdings reagiert jede Pflanze anders auf Licht- und Temperaturveränderungen. Manchmal intensiviert sich die Panaschierung mit steigender Lichtintensität, manchmal lässt sie nach. Ähnliche Reaktionen ergaben sich auch bei Temperaturveränderungen. Schließlich gibt es noch Pflanzen, die ihre Panaschierung überhaupt nicht verändern, selbst wenn sich die Umgebungsbedingungen verändern.

Mehr über unsere Pflanzen erfahren wir nur, wenn wir mit ihnen experimentieren. Auch Sie selbst können solche Versuche durchführen, etwa mit mehreren Exemplaren unter kontrollierten Bedingungen und einer Veränderung von jeweils nur einer einzigen Variablen auf einmal. So lässt sich herausfinden, ob es tatsächlich diese Variable ist, die die Veränderungen verursacht.

Reversion

Von Reversion oder Rückmutation spricht man, wenn eine Pflanze wieder zur grünen Form zurückschlägt, also ihre Panaschierung verliert. Relativ häufig kommt das bei Pflanzen mit instabiler chimärer Panaschierung vor. Manchmal ist es jammerschade, zusehen zu müssen, wie ein gekauftes und sorgfältig kultiviertes panaschiertes Exemplar plötzlich anfängt, einfarbig grün zu werden. Das kann ohne jegliche Veränderung der äußeren Bedingungen vorkommen. Es ist jedoch möglich, wieder eine Panaschierung zu erreichen. Ich liefere mir gerade einen Panaschierungskampf mit einem *Philodendron* 'Golden Dragon'. Vorausschicken muss ich, dass diese Schönheit sehr instabil und dafür bekannt ist, oft zurückzuschlagen, vor allem, wenn man Stecklinge abnimmt. Man sollte sich diese Sorte also nur anschaffen, wenn man keine Probleme damit hat, irgendwann wieder eine völlig grüne Pflanze herumstehen zu haben. Ist sie allerdings panaschiert, ist sie unschlagbar. Vielleicht macht auch gerade ihre Wankelmütigkeit einen Teil ihres Reizes aus.

Fängt eine Pflanze an zurückzuschlagen, empfehle ich, erst einmal nichts zu tun. Manchmal bilden panaschierte Exemplare grüne Blätter, um schließlich doch wieder panaschiertes Laub anzusetzen. So ist es mir mit meinem 'Golden Dragon' ergangen: Mehrere grüne Blätter später zeigte sich wieder ein Blatt mit schöner Panaschierung.

Wenn Sie eine Pflanze kurz vor der Reversion umgestellt haben, könnte es einen Zusammenhang zwischen den veränderten Bedingungen und dem Zurückschlagen geben. Behalten Sie das Gewächs im Auge und stellen Sie es vielleicht wieder an seinen alten Platz zurück, nachdem es an seinem neuen Standort mehrere neue Blätter gebildet hat.

Ein panaschierter *Philodendron* 'Golden Dragon' ist ausgesprochen instabil. Der hier trägt grüne Blätter (rechts), weiß panaschierte (links) und solche, die gerade ihre Farbe wechseln (Mitte).

Wir wählen panaschierte Pflanzen meist gerade wegen ihrer oft einmaligen, spektakulären Zeichnung aus. Damit sie immer optimal aussehen, brauchen sie aber ein bisschen Spezialpflege.

Pflege panaschierter Pflanzen

Panaschierte Pflanzen werden im Großen und Ganzen wie nicht panaschierte behandelt. Manchmal ist jedoch ein unterschiedlicher Ansatz nötig. Das gilt vor allem für eine weiße und gelbe, eher sektorale Panaschierung (also eine mit großflächigen weißen Blattbereichen).

Das Hauptaugenmerk bei der Kultur panaschierter Pflanzen sollte auf stabilen Bedingungen liegen. Schwankungen der Lichtintensität, Luftfeuchtigkeit und Wassergaben wirken sich auf sie negativ aus. Es kann vorkommen, dass sie in ihre rein grüne Form zurückschlagen oder die panaschierten Flächen braun werden bzw. faulen. Daher sollten die äußeren Bedingungen immer unverändert bleiben.

Licht

Chlorophyll verleiht Pflanzen ihre grüne Farbe. Ohne dieses Pigment könnten sie keine Fotosynthese treiben und Kohlenhydrate erzeugen. Die weißen, hellgrünen oder gelben Bereiche panaschierter Gewächse enthalten weniger oder gar kein Chlorophyll. Deshalb sind diese Pflanzen nicht in dem Maß zur Fotosynthese fähig wie rein grüne und brauchen ausreichend Licht. Gleichzeitig sind die panaschierten Stellen lichtempfindlicher. Ein paar Stunden direkte Sonne am Morgen oder späten Nachmittag richten keinen Schaden an, aber man sollte sie nicht in den heißesten Tagesstunden in der prallen Sonne stehen lassen. Generell ist weniger intensives Licht über einen längeren Zeitraum besser als eine kurze, aber hohe Dosis.

Luftfeuchtigkeit

Obwohl die meisten panaschierten Pflanzen aus einem Lebensraum mit hoher Luftfeuchtigkeit stammen, kann es vorteilhaft sein, sie allmählich an trockenere Luft zu gewöhnen. Große weiße oder gelbe Blattflecken neigen dazu, braun zu werden, und gerade eine hohe Luftfeuchtigkeit ist das ideale Milieu für einige der Pilze, die diese Verfärbung verursachen. Wenn Sie sich für feuchte Luft entscheiden, sollten Sie auch die Temperatur erhöhen und für gute Durchlüftung sorgen, um dem entgegenzuwirken.

Wässern

Eine gleichbleibende Wasserzufuhr ist besonders bei Pflanzen mit großflächiger sektoraler Panaschierung wichtig. Lassen Sie das Substrat nie ganz austrocknen, denn die weißen Blattbereiche sind nicht sehr trockenresistent. Ihr empfindlichen Zellen können platzen, wenn sie sich nach einer längeren Durststrecke zu schnell vollsaugen. Das führt zu einem Vertrocknen des Laubs und übermäßiger Guttation (siehe Seite 86), bei der die Blattspitze Wasser absondert und eine feuchte Atmosphäre entsteht, die Pilzbefall fördert.

→ Ein panaschiertes Prachttrio, von links nach rechts: *Tradescantia zebrina* 'Quadricolor', *Monstera lechleriana*, *Philodendron billietiae*

SCHÄDLINGE & KRANKHEITEN

Meine Haltung gegenüber Schädlingen hat sich in den letzten Jahren radikal verändert. Vor ein paar Jahren dachte ich noch, perfekte Pflanzen seien nur möglich, wenn man unerwünschte Mitesser samt und sonders ausrottet. Heute weiß ich, dass ich völlig danebenlag.

Mit Schädlingen umgehen

Bei der Arbeit mit Freilandpflanzen habe ich gelernt, dass ein gesundes Ökosystem und ein gesunder Garten untrennbar miteinander verbunden sind und Pflanzen ein kleiner Bestandteil von etwas wesentlich Größerem sind.

Deshalb habe ich rasch auf alle Pestizide verzichtet, um ein vielfältiges Ökosystem zu schaffen, in dem Schädlingsfresser günstige Bedingungen vorfinden. Durch den Verzicht auf Chemikalien wurde der Boden gesünder und reicher an nützlichen Mikroorganismen, sodass eine bessere Bodenstruktur entstand und die Pflanzen Nährstoffe leichter aufnehmen konnten. Letztlich sind meine Pflanzen kräftiger gewachsen, gesünder geworden und entwickelten eine höhere Widerstandskraft gegen Schädlinge und Krankheiten.

Wer Schädlinge nicht mehr bekämpft, muss mit ihnen leben. Ich will sie nicht alle ausmerzen, sondern sie so weit im Zaum halten, dass sie meinen Pflanzen keinen nennenswerten Schaden mehr zufügen. Das bedeutet aber auch, hinzunehmen, dass Pflanzen nicht perfekt sind und das Streben nach Makellosigkeit langfristig immer mit Enttäuschungen verbunden ist, denn dieser Idealzustand lässt sich nicht erreichen. Ich lege den Schwerpunkt lieber auf die generelle Gesundheit der Pflanzen und sorge dafür, dass sie genug Licht, Nährstoffe und Wasser bekommen, damit sie sich gegen Schädlinge wehren können und von ihnen nur minimal in Mitleidenschaft gezogen werden.

Prävention

Wenn wir Schädlingsbekämpfung hören, denken wir meist an das konkrete Einschreiten und Dezimieren, nachdem das Problem bereits aufgetreten ist. Aber um optimale Ergebnisse zu erzielen, muss man schon vorher ansetzen, indem man die Pflanzen gesund hält und gut pflegt.

Irgendwann einmal werden Sie nicht umhin können, die Schädlinge auf Ihren Pflanzen einzudämmen. Dennoch sollte man auch gleichzeitig verhindern, dass neue dazustoßen und die Lage außer Kontrolle gerät. Die Schlacht ist gewonnen, wenn man es schafft, ihre Zahl so weit zu begrenzen, dass die Pflanzen nicht Schaden nehmen. Deshalb sollte man neu hinzukommende Pflanzen gut in Augenschein nehmen, bevor man sie zu Hause aufstellt und mit den bestehenden Gewächsen kombiniert. Zwei sehr nützliche Utensilien sind ein weißes Blatt Papier und ein Fusselroller. Das Papier wird noch im Laden oder auch erst zu Hause unter die Pflanze gelegt. Dann schüttelt man die Pflanze und prüft, ob Schädlinge auf das Papier gefallen sind. Bei großlaubigen Arten kann man auch einen Fusselroller zum Einsatz bringen. Rollen Sie ihn über die Ober- und Unterseite der Blätter und sehen Sie nach, was an der Rolle hängengeblieben ist.

Selbst nach diesen Sicherheitschecks sollte man Neuzugänge allerdings noch etwa zwei Wochen lang in einen separaten Raum in Quarantäne lassen. In dieser Zeit sucht man sie nach Anzeichen auf Schädlingsbefall ab, pflegt sie jedoch wie alle anderen Pflanzen und bietet ihnen optimale Bedingungen, damit sie sich in der Wohnung gut eingewöhnen.

→ Mit einem Fusselroller lassen sich Schädlinge schnell und wirkungsvoll entfernen.

Schädlinge

Man sollte seine Feinde kennen. Hier ein paar Vorwarnungen und Beschreibungen der häufigsten Schädlinge, die Sie möglicherweise an Ihren Zimmerpflanzen antreffen werden.

Ein Schädling ist jedes Lebewesen, das Schäden an einer Pflanze verursachen kann. Wie sehr Schädlinge schaden, hängt davon ab, wie früh, konsequent und effektiv man eingreift. Ihre Bekämpfung kann mühsam und frustrierend sein – aber nur, wenn man die Schädlinge ebenfalls so sieht.

Thripse

Thripse sind die vermutlich häufigsten Zimmerpflanzenschädlinge. Die winzigen Insekten können sich schlagartig vermehren und beträchtliche Schäden verursachen. Die meisten adulten Tiere werden 1–2 mm lang. Ihre Farbpalette reicht von Hellbraun bis fast Schwarz. Meist sitzen sie auf Blättern und ihren Unterseiten; bisweilen kauern sie auch zur Tarnung an Blattadern.

Der Lebenszyklus von Thripsen besteht aus fünf Stadien: Ei, Larve, präpupales Stadium, Puppe und adultes Tier. Das Weibchen legt seine Eier in das weiche Pflanzengewebe von Blättern, Früchten und Blüten. Nach dem Schlüpfen ernähren sich die Larven, indem sie Saft aus Pflanzenzellen saugen. Einen Befall erkennt man an Flecken in den Blättern, die durch absterbende Zellen verursacht werden. Auch adulte Tiere saugen Pflanzensaft.

Die Larven verpuppen sich entweder auf der Pflanze oder fallen in das Substrat und krabbeln als adulte Tiere wieder heraus. Sie gelangen über neu hinzugekommene Pflanzen, auf Ihrer Kleidung, auf Obst und Gemüse oder auch einfach nur über ein offenes Fenster auf Ihre Zimmerpflanzen. Es ist also nahezu unmöglich, einen Zimmerpflanzenbestand immer komplett frei von Thripsen zu halten.

Blattläuse

Weltweit gibt es mehr als 5000 beschriebene Blattlausarten. Sie können grün, schwarz oder weiß sein oder in vielen anderen Farben auftreten. Meist sind sie 1–7 mm lang und befallen vorwiegend die frischen Wuchsspitzen von Pflanzen, sodass man sie leicht erkennen und bekämpfen kann. Blattläuse vermehren sich blitzartig. Die ungeflügelten Weibchen sind lebendgebärend. Die Tiere sondern in allen Entwicklungsstadien ein klebriges Sekret ab: den Honigtau, der sich auf den Pflanzen ablagert und von Schwärzepilzen besiedelt werden kann. Deshalb sollte man befallene Teile auch nach dem Entfernen der Schädlinge noch abschneiden, damit sich nicht neue Probleme daraus ergeben.

Spinnmilben

Normalerweise bemerkt man die von Spinnmilben verursachten Schäden, bevor man die Tiere selbst sieht. Sie vermehren sich vor allem auf Pflanzen in trockener Zimmerluft. Die gelbgrünen Tiere hinterlassen Sprenkel auf dem Laub, weiße abgeworfene Hüllen und Eierschalen. Bei schwererem Befall färben sich die Blätter hell und wachsen verkrüppelt. Typisch ist auch das feine Gewebe auf dem Blatt oder dem Stielansatz. Die Schädlinge sind nur etwa 0,5 mm groß, können aber Blätter stark schädigen und ganze Pflanzen schwächen oder eingehen lassen, wenn man sie nicht dezimiert. Deshalb ist eine regelmäßige Kontrolle sinnvoll

Pilzmücken

Die winzigen Fliegen sind eher für uns lästig als für Pflanzen eine Bedrohung. Adulte Exemplare werden 3–4 mm lang und ernähren sich von Pilzen und verrottender organischer Substanz im Substrat. Sie legen ihre Eier in die feuchte Erde. Aus ihnen schlüpfen Maden, die im Substrat bleiben. Älteren Pflanzen können sie wenig anhaben, aber zarte Sämlinge oder junge Stecklinge können bei starkem Befall leiden. Durch gute, lückenlose Pflege verhindert man, dass sie überhandnehmen.

Schmierläuse

Schmierläuse, auch Wollläuse genannt, sitzen auf Blättern und Trieben, vor allem in den Ritzen von Blattachseln und anderen Verstecken; manche Arten befallen außerdem Wurzeln. Sie sind nicht sonderlich mobil, weshalb eine Bekämpfung unproblematisch ist, vor allem, wenn man sie nicht mit neuen Pflanzen einschleppt. Ich hatte bis jetzt nur ein einziges Mal einen Schmierlausbefall auf einer *Monstera* 'Thai Constellation', die viele Versteckmöglichkeiten bietet. Die Tiere griffen auf eine Nachbarpflanze über, aber nach ein paar Tagen, in denen ich sie beharrlich aufgespürt und mit der Hand entfernt habe, waren sie verschwunden.

Wurzelläuse sind problematischer, weil man sie in der Regel nicht bemerkt und erst entdeckt, wenn die Pflanze bereits kränkelt. An den Wurzeln erkennt man sie als wollig weiße Wachsflecken, aber bis dahin haben sie meist schon größere Schäden verursacht.

Schildläuse

Sie sitzen auf Blättern und Trieben und sind als harte Kuppeln mit etwa 1–3 mm Durchmesser erkennbar. Dabei handelt es sich um die bewegungsunfähigen Weibchen, die ihre Eier beschützen. Nach dem Schlüpfen befallen die Nymphen neue Pflanzen und ernähren sich von ihrem Saft. Viele Arten sondern auch Honigtau ab, auf dem sich Schwärzepilze festsetzen können. Die Pflanzen werden geschwächt, Blätter können gelb werden und sollten dann abgeschnitten werden. Bei starkem Befall kommt es zum Laubfall.

Schädlingsbekämpfung

Beim Begriff »Schädlingsbekämpfung« denken wir als Erstes an die vielen im Handel erhältlichen Präparate. Ich finde jedoch, dass wir die Schädlingsbeseitigung mithilfe dieser Produkte aufgeben müssen. Ich habe schon seit vielen Jahren draußen keine Pestizide mehr zum Einsatz gebracht, sie aber drinnen noch bis vor einem Jahr benutzt, als ich erkannte, dass sie verheerende Auswirkungen auf die Umwelt, Wasserlebewesen, Bienen und andere Nützlinge haben.

Es gibt auf dem Markt natürliche und synthetische Pestizide. Wer sich für natürliche Mittel entscheidet, sollte sie ebenso zurückhaltend und vorsichtig einsetzen wie die synthetischen, denn natürlich heißt nicht unbedingt ungefährlich. Greifen Sie außerdem immer zu einem Produkt, das als Pestizid zugelassen ist, denn dafür gibt es exakte Vorschriften und Sicherheitshinweise. Von illegalen Mitteln, vor allem solchen, die das Prädikat »grün« oder »umweltfreundlich« für sich beanspruchen, sollte man die Finger lassen, denn sie sind fast mit Sicherheit weder das eine noch das andere.

Meine bevorzugte Bekämpfungsstrategie ist das physische Entfernen der Tiere. Dabei strebe ich wie erwähnt nie die totale Vernichtung jedes einzelnen Schädlings an – das ist gar nicht möglich oder würde allein wegen der großen Zahl der Pflanzen, die ich besitze, den intensiven Einsatz giftiger Chemikalien erfordern. Außerdem lebe ich auf dem Land und muss meine Fenster im Sommer offen lassen, damit sich die Räume nicht zu sehr aufheizen. Deshalb kann ich gar nicht verhindern, dass Schädlinge nach drinnen gelangen.

Wenn ich beim Absuchen meiner Pflanzen Schädlinge entdecke, zupfe ich sie mit den Fingern ab oder zerdrücke sie. Sind es zu viele, stelle ich die Pflanze unter die Dusche oder in den Garten und spritze sie ab. Das schwemmt viele Tiere davon. Danach kann ich mit einem sauberen Mikrofasertuch nacharbeiten und den Rest abwischen, der noch auf der Pflanze sitzt.

Diese Methode gehört für mich zur laufenden Pflege meiner Gewächse wie das Wässern und Schneiden. Ich suche meine Pflanzen alle paar Wochen ab, aber wenn ich merke, dass die Schädlinge mehr werden, dann überprüfe ich sie wöchentlich. Allerdings passiert es selten, dass ich mich mit einem schweren Befall herumschlagen muss, denn da ich keine Pestizide verwende, stehen mir andere Insekten und Spinnen bei der Bekämpfung helfend zur Seite.

Wir haben zwar in unseren Wohnungen ein anderes Ökosystem als draußen, doch sind wir dort selbst die biologische Bekämpfung. Dabei bekommen wir hoffentlich etwas Unterstützung von anderen Insekten, die sich drinnen häuslich eingerichtet haben. Wenn Sie nicht viele Zimmerpflanzen haben, können Sie Schädlinge schon allein mit der oben beschriebenen Methode komplett loswerden. Danach müssen Sie Ihre Pflanzen nur noch regelmäßig absuchen, um eine neuerliche Ausbreitung zu verhindern.

Ihre Pflanzen werden gelegentlich von Krankheiten befallen werden. Manchmal verursachen sie lediglich unschöne Veränderungen, mitunter machen sie der Pflanze aber auch völlig den Garaus. Wie bei der Schädlingsbekämpfung gilt: Gute Pflege und sofortige Maßnahmen halten Ihre Pflanzen gesund.

Krankheiten kontrollieren

Pflanzenkrankheiten können abiotisch (nicht infektiös) oder infektiös sein. Nicht infektiöse Krankheiten werden oft von Faktoren wie Nährstoffmangel oder schlechter Luftqualität verursacht, während für infektiöse Krankheiten Bakterien, Pilze oder Viren verantwortlich sind. Durch gute Pflege senkt man das Risiko eines Bakterienbefalls, der Pflanzen schädigen oder sogar abtöten kann. Auch Viren können beträchtliche Probleme verursachen – eine wirkungsvolle Bekämpfung ist leider nicht möglich. Wenn man aber weiß, worauf zu achten ist, kann man die Ausbreitung wenigstens verhindern.

Wurzelfäule

Sie zählt zu den häufigsten Krankheiten von Zimmerpflanzen. Verursacht wird sie meist von Staunässe – also einem zu lange zu nassen Substrat, das dem Fäulepilz ideale Bedingungen bietet. Meist erkennt man Wurzelfäule zu spät, denn wenn die Pflanze darbt, sind die Wurzeln oft schon geschädigt. Achten Sie auf hängende Blätter und Triebe – die Symptome sind die gleichen wie bei Wassermangel, nur mit dem Unterschied, dass das Substrat feucht ist, da die kranken Wurzeln das Wasser nicht mehr aufnehmen können. Manchmal wird das Laub an den Spitzen braun oder schwarz. Die Wurzeln färben sich braun, faulen und riechen unangenehm. Gesunde Wurzeln hingegen sind weiß und fest (siehe Seite 87).

Pilzliche Blattfleckenkrankheit

Diese Krankheit ist der Grund, warum ich von einem Besprühen der Blätter abrate. Allerdings kann sie auch auftreten, wenn das Laub nicht benetzt wird. Sie tritt in Form kleiner brauner Flecken auf, die manchmal eine gelbe Mitte oder einen gelben Ring haben und sich rasch über die ganze Spreite und unter günstigen Bedingungen sogar die ganze Pflanze ausbreiten. Die Krankheit kann immer auftreten, am größten ist das Risiko aber in einer kühlen, feuchten Umgebung. Normalerweise profitieren Pflanzen davon, wenn man sie zu Gruppen zusammenstellt, aber die dortige Luftfeuchtigkeit in Kombination mit mangelndem Luftaustausch ist der ideale Nährboden für den Pilz.

Schwärzepilze

Ein Befall ist unschwer zu erkennen und tritt in der Regel auf, wenn schon ein Schädling am Werk ist. Blatt- und Schildläuse sondern Honigtau ab. Er lockt Ameisen an, die wiederum die Blattläuse vor Fressfeinden schützen. Honigtau ist der ideale Nährboden für Schwärzepilze. Wie der Name schon sagt, sind sie schwarz und pulvrig, aber klebrig, und können sich überall auf der Pflanze bilden. Die meisten Schwärzepilze findet man dort, wo sich Schädlinge festgesetzt haben.

Echter Mehltau

Dieser weiße, puderartige Pilzüberzug kann sich auf allen Pflanzenteilen bilden. Er wird durch eine kühle, feuchte Umgebung begünstigt, dort, wo Pflanzen dicht an dicht wachsen. Oft ist der Befall überschaubar. Indem man kranke Teile frühzeitig entfernt, kann man Mehltau unter Kontrolle halten. Gute Drainage und Durchlüftung verringern das Infektionsrisiko.

Bakterielle Blattfleckenkrankheit

Sie verursacht, wie der Name schon sagt, wässrige Flecken, die das Blattgewebe durchweichen, und kommt in der Regel in beengten, schlecht durchlüfteten Verhältnissen vor. Unter feuchten Bedingungen fließen die Flecken zusammen und bilden größere schleimige Bereiche. Fehlt Wasser, können sie auch austrocknen. Das nasse Laub wirkt durchscheinend oder schwarz, trockene Flecken nehmen eine rotbraune Farbe an.

Gegenmaßnahmen

Pflanzenkrankheiten können überall auftreten, aber durch gute Pflege und Umsicht kann man das Befallsrisiko stark senken. Wichtig ist eine gute Durchlüftung in der Umgebung der Pflanzen, vor allem bei hoher Luftfeuchtigkeit. Wenn man auf das Besprühen von Laub an einem schlecht durchlüfteten Platz verzichtet, entzieht man Bakterien und Pilzen die Lebensgrundlage. Hilfreich ist es auch, tote und kranke Blätter zu entfernen und Pflanzen zu schneiden, damit sie nicht zu dicht wachsen. Entscheidend aber ist wie immer, seine Gewächse gesund zu halten, dann stehen die Chancen gut, dass sie selbst mit Krankheitserregern fertig werden.

Viren

Zimmerpflanzen sind für viele Viren anfällig. Manche grassieren in Sammlungen, ohne dass ihre Besitzer es wissen, weil sie kaum Auswirkungen auf das Wachstum oder Aussehen der Pflanzen haben. Andere richten verheerende Schäden an.

Gegen Viren gibt es leider kein Mittel. Stark befallene Pflanzen müssen daher vernichtet oder wenigstens von gesunden Exemplaren getrennt werden. Auch eine Vermehrung ist nicht möglich, denn die neuen Pflanzen tragen das Virus ebenfalls in sich.

Beißende und saugende Insekten wie Thripse (siehe Seite 158) verbreiten Viren, doch werden sie auch durch Vermehrung übertragen. Schneidet man eine infizierte Pflanze und anschließend eine weitere Pflanze mit derselben Klinge, überträgt man den Keim ebenfalls. Das ist gerade in der gewerblichen Pflanzenzucht ein Problem, da hier viel mit Stecklingen gearbeitet wird, was die Ausbreitung fördert.

Ein Virenbefall von Zimmerpflanzen ist zwar selten, kommt aber vor. Eines der häufigsten Viren ist das Mosaikvirus. Es verursacht Krüppelwuchs und ein unverkennbares Mosaikmuster auf den Blättern.

Philodendron 'Jose Buono'

Diese Pflanze ist ein botanisches Rätsel, denn wir wissen weder, woher sie stammt, noch, ob sie eine Hybride oder Sorte ist, noch, woher die Elternpflanze kommt. Philodendren stammen aus dem tropischen Amerika, also pflegen wir sie so, wie wir alle Exemplare dieser Gattung aus einem ähnlichen Lebensraum pflegen würden. Ich habe sie mit großem Erfolg in meinem Gewächshaus kultiviert. Obwohl sie bei höherer Temperatur und Luftfeuchtigkeit schneller wächst, passt sie sich mit ihren derben, wächsernen Blättern gut auch an andere Bedingungen und trockenere Luft an. Größer wird sie, wenn man ihr eine Säule oder Fläche zum Hochwachsen bietet. Das hier abgebildete Exemplar wurde kurz nach der Aufnahme an einer Moossäule fixiert, obwohl es mir eigentlich in dieser Höhe und in einem solchen Topf am liebsten ist. Vielleicht nehme ich einen Triebsteckling ab, den ich frisch eintopfe. Dann habe ich zwei Exemplare, die mir Freude machen.

NAME *Philodendron* 'Jose Buono'

FAMILIE *Aracaea*

GATTUNG *Philodendron*

VERBREITUNG Unbekannt

LEBENSRAUM Unbekannt

HABITUS Kletterpflanze

TEMPERATURBEREICH 20–30 °C

LICHT 8000–16 000 Lux

SUBSTRAT Moos oder grober Tropenpflanzenmix (Orchideenerde)

LUFTFEUCHTIGKEIT 50+ %

WASSERBEDARF Zwischen dem Wässern austrocknen lassen

Extraflorale Nektarien

Wer Nektarien hört, denkt für gewöhnlich an die Saftdrüsen im Inneren einer Blüte, die süßen Nektar absondern, um Bestäuber wie Insekten oder Vögel anzulocken. Es gibt sie jedoch auch außerhalb von Blüten, etwa an Trieben und Blättern. Sie werden extraflorale Nektarien genannt und kommen in über 100 Pflanzenfamilien rund um den Globus vor. Man erkennt sie als sehr kleine Nektartropfen, die leicht für Befallsschäden gehalten werden können. Sie sind jedoch nichts Krankhaftes und etwas ganz Natürliches. *Philodendron*-Arten haben besonders deutlich erkennbare extraflorale Nektarien, vor allem an frischem Wuchs.

In freier Natur locken extraflorale Nektarien Ameisen und andere aggressive Gliederfüßer an – aber nicht als Bestäuber: Vielmehr verleitet der Nektar sie zu einer symbiotischen Beziehung. Ameisen sind natürliche Schädlingsbekämpfer, die Raupen und andere Pflanzenfresser töten oder abschrecken.

Obwohl Arten mit extrafloralen Nektarien auf der ganzen Welt in unzähligen Lebensräumen vorkommen – von Dschungeln bis hin zu Wüsten –, ist der extraflorale Nektar bei allen Pflanzen, die ihn absondern, erstaunlich ähnlich zusammengesetzt. Normalerweise unterscheidet sich Nektar von Pflanze zu Pflanze, denn seine Aufgabe ist es, ganz bestimmte Bestäuber anzulocken, um eine möglichst erfolgreiche Bestäubung zu erreichen. Extrafloraler Nektar hingegen ist in erster Linie dazu da, Ameisen auf den Plan zu rufen, weshalb er artenübergreifend aus ähnlichen Inhaltsstoffen besteht.

An diesem *Philodendron billietiae* ist der extraflorale Nektar deutlich sichtbar.

VERANTWORTUNGSBEWUSSTE KULTUR

Wer die Geschichte und Ursprünge unserer Zimmerpflanzen kennt, bekommt ein besseres Verständnis für sie. Das hilft uns auch, sie besser zu pflegen und zu präsentieren.

Eine kurze Geschichte der Pflanzenentdeckung

Unsere Leidenschaft für seltene Pflanzen ist historisch bedingt: Seit Jahrhunderten reisen Menschen im Namen der Wissenschaft durch die Welt, um »neue« Pflanzen zu entdecken, zu dokumentieren und in ihr eigenes Heimatland zu bringen. Meist handelte es sich bei diesen Entdeckern um Sammler und Botaniker aus reichen Ländern, die Kolonien fernab ihrer Heimat erkundeten. Natürlich profitierte davon die Wissenschaft generell, doch wurden die Reisen überwiegend unternommen, um Pflanzen zu finden, die sich wirtschaftlich nutzen ließen und im Herkunftsland der Entdecker und in anderen Kolonien kultiviert werden konnten.

Leider gingen die Entdecker oft brutal und ohne Rücksicht auf die indigene Bevölkerung und die Lebensräume vor, in denen sie die Pflanzen fanden. Im Verlauf der Erschließung fremder Gebiete versklavte man Einheimische und zwang sie zur Arbeit auf Schiffen oder Plantagen, auf denen wertvolle Gewächse in riesigen Monokulturen angebaut wurden. Beim Anbau der Pflanzen wurden jedoch nicht nur Menschen ausgebeutet, sondern auch natürliche Lebensräume zerstört und viel fruchtbares Land geopfert. Rücksicht auf die Tier- und Pflanzenwelt war den Eindringlingen fremd; sie stahlen bedenkenlos seltene und bedrohte Arten.

Der Ursprung der Pflanzennamen

Die erbeuteten Pflanzen wurden von den Reisenden als Neuentdeckungen in Anspruch genommen. Bei ihrer Benennung ließ man die Indigenen, die sich über viele Generationen ein tiefes Verständnis für sie angeeignet und sie genutzt hatten, größtenteils oder völlig unberücksichtigt. Man nutzte zwar das Wissen der Ureinwohner über bestimmte Arten, aber sobald es festgehalten war, tilgte man sie aus den Chroniken und nannte nur noch die Botaniker, die sie »entdeckt« hatten.

Die Dokumentation der »Entdeckungen« brachte Probleme bei der Nomenklatur mit sich. Den bei der Beschreibung der Pflanzen üblichen botanischen, meist lateinischen, Namen kommt als einheitliche, international anerkannte Benennung große Bedeutung zu. Aber obwohl viele der gefundenen Pflanzen bereits Namen hatten, die etwas darüber verrieten, woher sie stammten oder wozu sie verwendet wurden, schlugen sich manche in der »neuen« Bezeichnung oder Beschreibung nicht nieder. Stattdessen enthielten die Namen oft Verweise auf den Botaniker, der sie erstmals dokumentiert hatte und sich in der Benennung verewigte. Trotzdem können botanische Namen Hinweise auf die Herkunft, Familie, Morphologie und viele weitere Informationen enthalten.

In Zukunft besser machen

Den von unseren Vorgängern angerichteten Schaden können wir nicht wiedergutmachen. Aber wir können versuchen, das zu korrigieren, was sie falsch gemacht haben, und die Menschen und Orte, von denen die Pflanzen stammen, angemessen zu würdigen.

Genießen wir Pflanzen, aber nicht auf Kosten anderer. Bleiben wir offen für Neues. Verpflichten wir uns zu verantwortungsbewusstem Gärtnern und Pflanzensammeln.

Es gibt online viele wertvolle Ressourcen von Menschen mit wesentlich mehr Knowhow, als ich es habe. Erkunden Sie sie.

Mit den Botanikern reisten auch Künstler, die die Entdeckungen detailliert festhielten.

Auf unserem bedrohten Planeten obliegt es uns, seltene Arten auf nachhaltige Art und Weise zu schützen, die Menschen und Lebensräume ihrer ursprünglichen Heimat zu achten und diese Pflanzen so zu pflegen, dass sie erhalten bleiben und die Umwelt keinen Schaden dabei nimmt.

Eine moderne Botanik

So schreckliche Praktiken wie Sklaverei mögen im modernen Gartenbau nicht mehr vorkommen, aber die Suche nach immer selteneren und interessanteren Pflanzen ist nach wie vor problematisch. Seltene Arten ihrem Biotop zu entnehmen wirkt sich nicht nur auf unseren Planeten und seine Biodiversität aus, sondern auch auf die Menschen und Wirtschaftssysteme, die von diesen Pflanzen abhängen. Zum Glück ist das Sammeln von Pflanzen in freier Natur heute schwerer oder sogar unmöglich geworden.

Angesichts der Klimakrise und ihrer Folgen müssen wir alle etwas dafür tun, dass die Umwelt weniger belastet wird. Auch beim Kauf und der Kultur von Pflanzen, ob draußen oder drinnen, können wir unseren Beitrag leisten, indem wir beispielsweise verantwortungsbewusst einkaufen, Pflanzen umweltschonend pflegen und sie sogar nachhaltig entsorgen.

Eine umwelt- und klimafreundliche Zimmerpflanzenkultur ist nicht schwer, wenn man bereit ist, sich ein paar Informationen über die Gewächse zu besorgen.

Hier einige Aspekte, auf die wir beim Kauf und der Kultur von Zimmerpflanzen achten sollten, wenn wir unseren empfindlichen Planeten schützen wollen.

Wilderei

Beim Thema Wilderei denken die meisten an Tiere, doch gibt es diese Praxis auch in der Pflanzenwelt – mit zum Teil verheerenden Folgen. Viele seltene Pflanzen, die wir gern kultivieren, sind in kleinen Biotopen endemisch. Selbst geringfügiges wildes Sammeln kann ganze Populationen ausrotten – und damit komplette Ökosysteme. Der Grund: Pflanzen sind oft Nahrungsquelle für Insekten oder Säugetiere und bieten ihnen Schutz und Fortpflanzungsplätze. Daher kann schon das Herausnehmen einer Art verheerende Folgen für die Nahrungskette haben, was sich wiederum auf das Ökosystem negativ auswirkt.

Nicht nur seltene Pflanzen, auch viele unserer gängigeren Zimmerpflanzen werden gewildert. Um die Ausbreitung von Schädlingen und Krankheiten zu verhindern, unterbinden, beschränken oder verteuern Gesetze den internationalen Handel. Das bedeutet, dass manche kultivierten Pflanzen zwar leicht verfügbar sind, es für Händler aber zu teuer oder kompliziert ist, sie zu importieren. Das ruft skrupellose Geschäftemacher auf den Plan, die sie wild sammeln und außer Landes schmuggeln, weil es einfacher und billiger ist.

Sicher, irgendwann einmal wurden alle heute als Zimmerpflanzen gängigen Arten der freien Natur entnommen. Trotzdem ist es wichtig, dass Botaniker bei künftigen Entdeckungen verantwortungsbewusst arbeiten, um sicherzugehen, dass Pflanzen – insbesondere seltene – weiterhin Teil ihrer natürlichen Lebensräume bleiben.

Ich fände es ideal, wenn Einheimische Samen oder kleine Mengen bestimmter Pflanzen der Natur entnehmen dürften, um sie in Kultur zu vermehren und den weltweiten Bedarf zu decken, ohne natürliche Bestände zu belasten. Problematisch sind die enorme Nachfrage und die rasch wechselnden Modetrends, die zwangsläufig zu Wilderei führen.

Sehr sinnvoll wäre es auch, wenn man Pflanzen aus botanischen Sammlungen vermehren und kostenlos verbreiten würde. So würden mehr Pflanzen verantwortungsbewusst angebaut und ihr Genmaterial verbreitet, was zu ihrem Schutz beitragen würde.

→ Viele *Alocasia*-Arten sind bereits in Kultur. Aber wegen bürokratischer Importhürden werden sie immer noch wild gesammelt.

Verantwortungsbewusst kaufen

Ich tue alles, um einen Kauf illegal gesammelter Gewächse zu vermeiden – und damit meine ich Pflanzen, die direkt ihrem Lebensraum in freier Natur entnommen und verkauft wurden. Wie ich das mache? Ich beziehe sie nur von anderen Züchtern und Sammlern, von denen ich weiß, dass sie ihre Exemplare in Kultur vermehrt haben. Außerdem importiere ich Pflanzen selten aus ihrem Ursprungsland. Ich kaufe nur von verifizierten Quellen mit gutem Ruf, die verantwortungsbewusst sammeln, ohne den Wildgewächsen und dem Ökosystem Schaden zuzufügen. Zu guter Letzt tausche ich gern mit anderen Sammlern Pflanzen, die ich selbst vermehrt habe.

Woher aber wissen Sie, dass Ihr Gewächs aus verantwortungsbewusster Quelle stammt? Achten Sie auf Laubschäden. Sind an einer Pflanze viele Blätter verletzt, deutet das darauf hin, dass Pflanzen der Natur entnommen wurden. Denn in freier Wildbahn sind sie Schädlingen, Krankheiten und umweltbedingten Verletzungen schutzlos ausgesetzt und sehen ganz anders aus als Kulturexemplare aus einer geschützten Umgebung.

Fragen Sie den Anbieter, woher er seine Pflanzen hat. Heutzutage werden viele durch Gewebekultur in großen Mengen vermehrt (siehe Seite 135). Das ist zwar eine künstliche Form der Vervielfältigung, doch hat sie zumindest den Vorteil, dass die Nachfrage mit relativ preiswerten Pflanzen gedeckt werden kann. Weil dadurch viele Pflanzen auf dem Markt sind, haben Wilderer weniger Anreize, Pflanzen illegal zu sammeln.

← Die meisten Zimmerpflanzen werden heute in großen Stückzahlen durch Gewebekultur vermehrt. Das gilt aber nicht unbedingt für seltene Arten.

Wirtschaftliche Vorteile für lokale Erzeuger

Ich habe selbst erlebt, welche wirtschaftlichen Vorteile die Pflanzenkultur Ländern bringen kann, vor allem in Südostasien und Südamerika. Der oben gezeigte *Philodendron* stammt von der ecuadorianischen Farm Ecuagenera, die seltene Pflanzen in größeren Mengen für den Verkauf und Export züchtet. Sie ist eines von vielen Beispielen dafür, wie Familien und ganze Dörfer einen Wirtschaftszweig erschlossen haben, der Einheimischen Arbeitsplätze in Pflanzenzucht und -handel bietet, angefangen von der Vermehrung über die Kultur bis hin zum Verpacken, Versenden und Vermarkten an eine internationale Käuferschaft über soziale Medien. Wichtig ist, dass die einheimische Bevölkerung profitiert und verantwortungsbewusst gearbeitet wird.

Das Interesse an Zimmerpflanzen in aller Welt kann auch viele neue Wirtschaftszweige hervorbringen. Bei einer unvergesslichen Reise durch die Anden und das Amazonasbecken hatte ich einen Guide, der seine profunde Kenntnis des dortigen Ökosystems und dessen Pflanzen nur erwerben hatte können, weil er dort lebte und über Wissen verfügte, das ihm von Generationen vor ihm übermittelt worden war. Ein solcher Erfahrungsschatz muss geschützt und zugleich geteilt werden, damit er nicht verloren geht.

↑ Als wir durch den Amazonaswald fuhren, hielt unser Guide an und zeigte uns diesen grünen Pflanzenwall mit etlichen Naturhybriden. Diese Prachtstücke in freier Natur zu sehen hat die Art und Weise, wie ich sie kultiviere, präsentiere und pflege, stark beeinflusst.

← Ich habe diese Stecklingswand in meinem Laden eingerichtet. Die Kunden bringen Stecklinge und tauschen sie gegen andere ein.

Verantwortungsbewusste Kultur

Die Pflanzenproduktion gilt oft als besonders »grün«, dabei verschlingt sie große Mengen Energie und Ressourcen – mit entsprechend negativen Umweltfolgen.

Etliche Großunternehmer haben auf moderne Technologien und Kulturverfahren umgestellt, um umweltfreundlicher zu arbeiten. Dazu gehört die Nutzung von Geothermie bei der Beheizung von Gewächshäusern, der Einsatz von Fotovoltaik bei der Stromversorgung und sogar das Auffangen von Regenwasser von den riesigen Glasdachflächen. Das Wasser wird in einen Kreislauf eingeschleust und wiederverwertet, was die Abwassermenge verringert und zugleich den Verbrauch von Trinkwasser aus dem öffentlichen Netz reduziert. Da Abfälle in der gewerblichen Pflanzenzucht immer auch den Gewinn schmälern, sind viele Systeme heute äußerst wirtschaftlich und umweltfreundlich.

Was können wir tun?

Bei der privaten Pflanzenkultur im kleinen Rahmen ist der CO_2-Fußabdruck wesentlich geringer als in der gewerblichen Produktion. Trotzdem sollten auch wir überlegen, wie wir die Folgen für die Umwelt möglichst gering halten und trotzdem Freude an der Pflanzenkultur haben können.

Ein Problem ist der zu hohe Pflanzenverbrauch. Man gerät beim Anblick der vielen schönen Gewächse im Gartencenter förmlich in einen Kaufrausch und schleppt sie kistenweise heim. Aber große Bestände ziehen jede Menge Arbeit nach sich. Je mehr Pflanzen Sie zu Hause haben, desto mehr Zeit und Geld müssen Sie investieren – oder die Pflanzen vernachlässigen. Das führt zum nächsten Problem: Viele geben auf und werfen ihre Pflanzen weg. Das ist wie in der Welt der Fast Fashion: Niedrige Preise führen dazu, dass alles, was einen Makel hat oder nicht mehr blüht, weggeworfen und ersetzt wird.

Bringen Sie Pflanzen daher mehr Wertschätzung entgegen. Kaufen Sie nur etwas, wenn Sie wissen, dass Sie Zeit haben, sich darum zu kümmern. Gehen Sie Ihre Sammlung regelmäßig durch und verschenken oder verkaufen Sie, was Ihnen nicht mehr gefällt oder nicht mehr in Ihre Wohnung passt, statt es wegzuwerfen. Ich verfolge in meinem Laden eine Zero-Waste-Strategie: Was nicht mehr ganz so gut aussieht, wird verbilligt angeboten und mit entsprechenden Tipps, wie man es wieder aufpäppeln kann, verkauft – oder ich nehme es mit zu mir nach Hause und bringe es selbst auf Vordermann.

Wer seine Sammlung erweitern will, sollte selbst vermehren oder tauschen, statt neue Pflanzen zu kaufen. Ich habe eine Stecklingstauschwand im Laden. Das macht den ständigen Neukauf überflüssig, fördert eine Tausch- und Vermehrungskultur und schafft Kontakte zwischen Gleichgesinnten.

Mut zur Veränderung

Arbeiten Sie mit Substraten, die am wenigsten umweltschädlich sind (siehe Seite 54 und 55) und beim Umtopfen wiederverwendet werden können. Sofern die Pflanze, die darin gewachsen ist, nicht krank war, mischt man einfach frische Zutaten dazu, um der alten Erde neues Leben einzuhauchen. Viele traditionelle Substrate und Zusatzstoffe sind sehr umweltschädlich und alles andere als nachhaltig. Wer sie wiederverwendet, reduziert seinen CO_2-Fußabdruck beträchtlich.

Auch Recycling erfordert einen hohen Aufwand und ist mit Umweltschäden verbunden. Kaufen Sie daher weniger und investieren Sie dafür in bessere Qualität. Hochwertiges ist robuster, umweltfreundlicher und langfristig sogar kostensparender, etwa Werkzeug, das ein Leben lang hält und weitervererbt werden kann. Das gilt auch für Töpfe: Viele sind aus minderwertigem Plastik, das nach einer Saison bricht. An massiven Kunststoffgefäßen dagegen kann man sich Jahrzehnte erfreuen.

Ich vermehre und züchte viele der Pflanzen in meinem Geschäft zu Hause auf der Fensterbank – ohne zusätzliche Licht- und Wärmequellen.

Teil einer größeren Gemeinschaft von Pflanzenfreunden zu sein hat viele Vorteile. Dazu gehört die Möglichkeit, Pflanzen einzutauschen. Oft hört man aber auch Ratschläge, die nicht immer auf Fakten basieren. Hier ein paar Mythen, die Sie nicht für bare Münze nehmen sollten.

Mit Mythen aufgeräumt

Mythos: Pflanzen reinigen die Luft

Es vergeht kein Tag, an dem ich nicht von irgendjemandem höre, dass Pflanzen die Luft reinigen würden. Oft wird dabei eine NASA-Studie von 1989 zitiert, in der es darum ging, wie man Luft in geschlossenen Umgebungen wie der Internationalen Raumstation filtern kann. Sie zeigte, dass Pflanzen Kohlendioxid absorbieren und Sauerstoff abgeben und dabei gleichzeitig einige Schadstoffe aus der Luft holen. Nicht schließen ließ sich daraus, dass Zimmerpflanzen die Luft in Wohnungen reinigen können, sondern nur, dass Pflanzen (oder ihr Substrat) in einem luftdicht verschlossenen Glas bestimmte Chemikalien binden können. Seither haben zahlreiche Untersuchungen ergeben, dass Pflanzen in Wohnungen keine oder fast keine Schadstoffe absorbieren. Das liegt zum Teil daran, dass unsere Wohnungen nicht luftdicht verschlossen sind. Außerdem bräuchte man Hunderte, wenn nicht gar Tausende Pflanzen in einem einzigen Raum, um merkliche Unterschiede in der Luftqualität festzustellen. Natürlich absorbieren sie Kohlendioxid und geben Sauerstoff ab (siehe Seite 26), aber der Sauerstoffgehalt in der Atmosphäre bleibt gleich, ob wir Zimmerpflanzen haben oder nicht.

Mythos: Wässern von unten ist am besten

Immer wieder wird darüber debattiert, ob man besser von oben oder von unten wässern sollte (siehe Seite 77). Beim Wässern von unten absorbiert durch den Kapillareffekt das Substrat das meiste Wasser und nicht die Wurzeln. Ich gieße lieber von oben, da man so die Topferde nicht so leicht übersättigt und die Menge besser kontrollieren kann.

Mythos: Überwässern killt Pflanzen

Damit sind wir schon beim nächsten Mythos. Zu viel Wasser, heißt es, sei der Pflanzenkiller Nummer eins. Aber in Wirklichkeit ist zu viel Wasser meist nicht der einzige Grund für das Ableben einer Pflanze (siehe Seite 83). Das eigentliche Problem ist vielmehr, dass das betroffene Exemplar nicht genug Licht bekommt. Ansonsten würde es stärker fotosynthetisieren und damit auch mehr Wasser verbrauchen. Nicht vergessen sollte man ferner, dass unterschiedliche Substrate unterschiedlich viel Wasser speichern. Passen Sie die Wassergaben deshalb entsprechend an.

Mythos: Wässern Sie nach Plan

Es gibt etliche Apps und Tabellen, mit denen Sie das Wässern planen können. Auf Kaufetiketten steht häufig, wie oft eine Pflanze zu gießen ist. Aber Pflanzen wachsen nicht nach einem festen Plan. Ihr Wuchs hängt von vielen Faktoren ab. Einmal wässern die Woche mag für das eine Exemplar gut sein, aber für das gleiche Gewächs in einer anderen Wohnung oder unter anderen Bedingungen kann das schon nicht mehr reichen. Ich empfehle immer, Pflanzen jeweils am gleichen Wochentag und zur selben Uhrzeit in Augenschein zu nehmen. Routine ist hilfreich, besser jedoch ist es, seine Schätze kennenzulernen und dann zu wässern, wenn sie es brauchen – und nicht, wenn ein Terminkalender es vorgibt.

Mythos: Leitungswasser ist schlecht

Ich werde fast jeden Tag gefragt, mit was für Wasser ich gieße – und wenn ich sage, mit Leitungswasser, werde ich erstaunt angesehen, denn in Großbritannien enthält das Leitungswaser Chlor. Den Pflanzen schadet das Chlor nicht. Die meisten vertragen wesentlich höhere Chlormengen, als die von der WHO empfohlenen 0,7 mg/l für Trinkwasser, sie brauchen sogar etwas Chlor. Es ist wichtig für die chemische Reaktion, die für das Öffnen und Schließen der Stomata sorgt.

Mythos: Selbst gemachter Dünger ist der beste

Jeden Tag stoße ich auf neue Hacks, in denen erklärt wird, wie man sich seinen Wunderdünger selbst fabriziert. In den Videos und Posts wird oft gezeigt, wie eine Pflanze ein phänomenales Wachstum hinlegt, nachdem man sie mit allerlei Wunderpräparaten von Bananen bis hin zu Eierschalen traktiert hat. Mit solchen Düngern lässt sich niemals diese Wirkung erzielen – vielmehr können sie den Pflanzen sogar schaden. Denn die Naturmaterialien, aus denen sie gemacht sind, enthalten weder viele Nährstoffe noch die richtigen, die Pflanzen brauchen. Und selbst wenn sie die passenden Nährstoffe liefern würden, müssten organische Materialien wie Bananen- und Eierschalen erst von Mikroben zersetzt werden, damit die Gewächse sie verwerten können. Ein Kleinhacken im Mixer, Aufgießen oder Einweichen bewirkt das nicht. Stattdessen traktiert man die Pflanzen mit roher organischer Substanz, die höchstens Pilze nährt und Pilzmücken anlockt (siehe Seite 158). Die Nährstoffbrühe ruft sogar potenziell gefährliche Bakterien auf den Plan, die Pflanzen faulen lassen können (siehe Seite 83). Das Zeug gehört auf den Komposter, wo die Natur ihre Arbeit tut, sodass man irgendwann Freilandgewächse damit düngen kann. Zimmerpflanzen dagegen freuen sich, wenn sie exakt auf sie zugeschnittene Düngerpräparate bekommen.

Mythos: Im Winter nicht düngen

Zimmerpflanzen bemerken in unseren Wohnungen den Winter nicht. Die meisten Tropengewächse haben in ihrer natürlichen Umgebung eine trockene und nasse Saison oder das ganze Jahr ein gleichbleibendes Klima. Deshalb ist »Winter« in ihrer DNA gar nicht vorgesehen. In den meisten Wohnungen liegen die Temperaturen auch im Winter über 10–15 °C, deshalb wachsen die Pflanzen weiter, wenn sie genug Licht bekommen. Bieten Sie ihnen die Nährstoffe, die sie dafür brauchen, ganz egal, wie das Wetter draußen ist. Es gibt keine Faustregel, die auf jede Art zutrifft. Behalten Sie einfach Ihre Lieblinge im Auge und erhöhen oder reduzieren Sie die Düngergaben entsprechend der verabreichten Wassermenge. Denn der Wasserverbrauch einer Pflanze gibt in der Regel Auskunft darüber, wie schnell sie wächst. Deshalb empfehle ich, generell bei jedem zweiten Wässern auch zu düngen (siehe Seite 108).

Mythos: Etwas Politur verleiht Blättern Glanz

Es gibt unzählige Hausmittel, die Blätter angeblich glänzen lassen, von Bananenschalen über Milch und Mayonnaise bis hin zu verschiedenen Kochölen und Spezialprodukten aus dem Handel. Sie alle haben eines gemeinsam: Die Pflanze braucht das nicht und die Mittel können den Pflanzen sogar Schaden zufügen und ihr Wachstum hemmen.

Jedes ölige Präparat, das auf die Blätter gelangt, verstopft die Stomata und hemmt den für die Fotosynthese nötigen Gasaustausch (siehe Seite 26). Außerdem reflektiert künstlicher Blattglanz mehr Licht, was gerade in Wohnungen, in denen die Pflanzen sowieso zu wenig bekommen, nicht gerade hilfreich ist (siehe Seite 29). Auf dem Überzug bleiben zudem Staub und anderer Schmutz kleben, was die natürlichen Verteidigungsmechanismen der Pflanze gegen Schädlinge und Krankheiten hemmt. Wer Blätter säubern möchte, wischt sie einfach mit einem feuchten Tuch ab (siehe Seite 29).

Mythos: Besprühen erhöht die Luftfeuchtigkeit

Oft wird behauptet, ein Besprühen von Pflanzen erhöhe die relative Luftfeuchtigkeit in der unmittelbaren Umgebung. Aber das ist nicht der Fall, sofern das Grün nicht in einem geschlossenen Ambiente wie einem Terrarium oder Gewächshaus wächst (siehe Seite 89). Der Grund: Der Wasserdampf breitet sich in der Umgebungsluft schnell aus und verdünnt sich dabei so sehr, dass die Luftfeuchtigkeit binnen Minuten fast wieder den vorherigen Wert erreicht. Das Besprühen kann sogar negative Folgen haben, denn Pflanzen brauchen stabile Bedingungen, die bei einer Fluktuation der Luftfeuchtigkeit nicht mehr gegeben sind. Hinzu kommt, dass nicht verdunstetes Wasser auf dem Laub ideale Bedingungen für Pilze bietet. Allerdings gefällt vielen Pflanzenbesitzern das Besprühen. Sie empfinden es als entspannend, was ich durchaus verstehe. Wenn also auch Sie gern sprühen, verlegen Sie es auf den Tagesanfang und sorgen Sie für gute Durchlüftung um die Pflanzen, damit die Blätter schnell trocknen und keine Probleme durch Nässe entstehen.

Mythos: Ich habe keinen grünen Daumen

Viele erzählen mir, wie schön die Pflanzen in meinem Laden seien, nur um sogleich hinzuzufügen, dass sie mit Zimmerpflanzen nicht zurechtkämen, weil sie keinen »grünen Daumen« hätten. Ich sehe es als meine Aufgabe an, diese Theorie zu widerlegen. Auf die Idee, dass sie kein Gefühl für Pflanzen haben, kommen Menschen in der Regel, wenn sie die falsche Pflanze für ihre Wohnung gekauft haben oder vielleicht nicht das Know-how für eine angemessene Pflege hatten. Es stimmt zwar, dass manche einen gewissen Draht zur Natur haben, aber Pflanzenpflege lässt sich lernen. Mit ein paar guten Tipps und dem Bewusstsein, dass zum Lernprozess zwangsläufig der eine oder andere Fehlschlag gehört, kann jeder erfolgreich Pflanzen ziehen.

Glossar

Abhärten
Das Gewöhnen von Pflanzen an kühlere Bedingungen und niedrigere Luftfeuchtigkeit.

Abiotische Krankheit
Nicht infektiöse Krankheit. Wird oft von Nährstoffmangel oder schlechter Luft verursacht.

Achselknospe
Die Knospe in einer Blattachsel (dem Winkel zwischen dem Blattstiel und dem Trieb bzw. Zweig, der das Blatt trägt).

Anthocyane
Eine Gruppe dunkelroter, violetter und blauer Pflanzenpigmente.

Anzuchtkasten
Ein meist beheizter Behälter, in den Aussaaten und Jungpflanzen gestellt werden, um im ersten Wachstumsstadium geschützte Bedingungen zu haben.

Autotroph
Bezeichnet einen Organismus, der seine Nahrung mithilfe von Licht, Wasser und Kohlendioxid oder weiteren Stoffen selbst herstellen kann.

Bestäubung
Die Übertragung von Pollen vom männlichen Staubbeutel einer Pflanze zur weiblichen Narbe, um die Pflanze zu bestäuben und Samen reifen zu lassen.

Bioaktiv
Etwas mit einer Wirkung auf einen lebenden Organismus bzw. dessen Gewebe oder Zellen.

Blütenstand
Eine Gruppe mehrerer Blüten an einem Spross mit einer oder mehreren Achsen.

Chlorophyll
Ein grüner Farbstoff in den Chloroplasten einer Pflanzenzelle. Er absorbiert die Lichtenergie, die für die Fotosynthese nötigt ist.

Chloroplasten
Organellen in den Pflanzenzellen, die den grünen Farbstoff Chlorophyll enthalten.

Crassulaceen-Säurestoffwechsel
Eine Sonderform der Fotosynthese, bei der die Pflanze Kohlendioxid über Nacht statt tagsüber geöffnete Stomata aufnimmt, um den Wasserverlust durch Verdunstung zu verringern.

Epiphyt
Pflanze, die auf Baumästen oder an Felshängen wächst und Nährstoffe aus der Luft oder dem Regenwasser aufnimmt.

Extraflorale Nektarien
Drüsen außerhalb der Blüten (daher »extrafloral«). Sie sondern ein Sekret ab und locken Tiere an, tragen selbst aber nicht zur Bestäubung bei.

Familie
Eine aus Gattungen zusammengesetzte Gruppe verwandter Pflanzen mit bestimmten physiologischen Gemeinsamkeiten.

Fenestrierungen
Vom lateinischen Ausdruck für Fenster abgeleitetes Wort für Löcher in den Blättern von Pflanzen.

Fotosynthese
Ein Stoffwechselvorgang, durch den Pflanzen aus Sonnenlicht, Wasser und Kohlendioxid Sauerstoff und Energie in Form von Kohlenhydraten (Zucker) erzeugen.

Fototropismus
Der Wuchs von Pflanzentrieben zu einer Lichtquelle hin. Die Pflanze kann dadurch gebeugt bzw. schief wachsen.

Fungizid
Ein Wirkstoff, der Pilze und ihre Sporen abtötet bzw. ihr Wachstum verhindert.

Gattung
Eine Gruppe eng verwandter Pflanzenarten, die eine oder mehrere Eigenschaften gemeinsam haben.

Gewebekultur
Eine Vermehrungsmethode, bei der Gewebeteile von Pflanzen losgelöst von der Elternpflanze in einem künstlichen Wuchsmedium für die Erzeugung neuer Pflanzen verwendet werden.

Gliederfüßer
Eine Gruppe wirbelloser Tiere mit Außenskelett, Körpersegmenten und gegliederten Beinen. Zu den Gliederfüßern werden Insekten, Tausendfüßer, Spinnentiere und Krebstiere gerechnet.

Guttation
Das Absondern kleiner Flüssigkeitsmengen von Pflanzen in Form winziger Tröpfchen auf Blättern. Damit gibt die Pflanze überschüssiges Wasser ab, damit trotz Wassersättigung der Nährstofftransport innerhalb der Pflanze aufrechterhalten werden kann.

Habitus
Die äußere Erscheinung bzw. Wuchsform einer Pflanze.

Hemiepiphyt
Eine Pflanze, die einen Teil ihres Lebenszyklus als Epiphyt verbringt. Sie wächst also zeitweise auf einer Wirtspflanze, wurzelt später aber in Substrat.

Hochblatt
Ein modifiziertes, spezialisiertes Blatt unter einer Blüte. Es wird manchmal für ein Blütenblatt gehalten.

Hybride
Eine Pflanze, die durch Fortpflanzung zwischen verschiedenen Arten entstanden ist.

Hydrophob
Etwas, das Wasser abstößt und daher nicht absorbieren kann.

Kapillareffekt
Der von den Wurzeln ausgehende Transport von Wasser durch eine Pflanze hindurch ohne Unterstützung durch die Schwerkraft, oft sogar gegen die Schwerkraft.

Knolle
Verdicktes unterirdisches Speichermedium einer Pflanze, das Nährstoffe enthält.

Lebensraum
Der Naturbereich, in dem eine Pflanze vorkommt, etwa der Regenwald, der Wald gemäßigter Zonen oder die Wüste. Er zeichnet sich durch bestimmte Eigenschaften aus.

Lux
Maßeinheit für Lichtstärke. Wer die Lichtstärke in seiner Wohnung kennt, kann gezielt Pflanzen auswählen, die sich für sie eignen.

Makronährstoffe
Nährstoffe, die Pflanzen in größeren Mengen brauchen, um gut wachsen zu können.

Mikronährstoffe
Nährstoffe, die Pflanzen in geringeren Mengen als Makronährstoffe brauchen.

Morphologie
Die Lehre von der Größe, Form und Struktur von Pflanzen.

Mutation
Eine natürliche genetische Veränderung des Erbguts, die sich im veränderten Aussehen einer Pflanze niederschlägt, etwa in der Form und Blatt- oder Blütenfarbe.

Mykorrhizapilze
Nützliche Pilze, die in der Umgebung des Wurzelsystems einer Pflanze wachsen und die

Pflanze bei der Aufnahme von Wasser und Nährstoffen unterstützen.

Nomenklatur
Das System der Benennung von Pflanzen.

NPK
Eine Abkürzung für die drei Makronährstoffe, die eine Pflanze braucht: Stickstoff (N), Phosphor (P) und Kalium (K).

Nützliche Mikroben
Mikroorganismen, die der Gesundheit von Pflanzen förderlich sind, weil sie ihnen Nährstoffe zur Verfügung stellen und Schädlinge, Parasiten oder Krankheiten verhindern. Dazu gehören Mykorrhizapilze oder stickstoffbindende Bakterien.

Panaschierung
Verschiedenfarbige Musterungen bzw. Farbzonen auf Blättern oder Trieben.

Programmierter Zelltod
Ein genetisch gesteuerter Prozess, mit dem die Pflanze beschädigte und nicht mehr benötigte Zellen abstößt.

Reversion
Das Zurückschlagen einer Pflanzensorte, die sich durch eine besondere Blattfarbe, Form oder andere Charakteristik auszeichnet. Dabei geht diese Charakteristik verloren und die Pflanze nimmt wieder ihr ursprüngliches Aussehen an.

Spadix
Ein mit winzigen Blüten besetzter Kolben (Blütenstand) einer Pflanze. Kommt oft in der Familie der Aronstabgewächse vor (z. B. *Philodendron*).

Spatha
Eine oder mehrere Blütenscheiden einer Pflanze, die einen Blütenstand, in der Regel einen Kolben, einhüllen. Meist an einem Spadix zu finden.

Stomata
Winzige Poren an der Unterseite von Blättern, die durch Öffnen und Schließen die Wasserabgabe und den Gasaustausch im Zuge der Fotosynthese regeln.

Substrat
Das Wuchsmedium, in oder auf dem eine Pflanze lebt, z. B. Erde, Gestein und Moos.

Thermogenese
Die Erzeugung von Wärme, um die eigene Temperatur gegenüber Umgebungsluft zu erhöhen. Kommt beispielsweise bei der Titanenwurz (*Amorphophallus titanum*) vor und dient oft dem Zweck, Bestäuber anzulocken.

Thigmomorphogenese
Die Reaktion einer Pflanze auf Berührung und andere mechanische Reize wie Wind.

Vermehrung
Die Erzeugung neuer Pflanzen durch Fortpflanzung, entweder durch Aussaat oder Blatt-, Trieb- oder Wurzelstecklinge.

Washingtoner Artenschutzübereinkommen
Das Übereinkommen über den internationalen Handel mit gefährdeten Arten. Es enthält drei Anhänge, angefangen von Anhang 1 über vom Aussterben bedrohte Arten bis Anhang 3 über Arten, für die eine Ausfuhrgenehmigung nötig ist.

Wurzelstimulator
Ein Produkt mit dem Hormon Auxin als Inhaltsstoff. Es regt Jungpflanzen zur Bildung eines kräftigeren Wurzelsystems an. Es kann dem Gießwasser beigefügt und mit dem Wässern ausgebracht werden.

Xylem
Das Leitsystem von Pflanzen, in dem Wasser und Nährstoffe von den Wurzeln in die Blätter transportiert werden.

Zwittrig
Blüten, die männliche und weibliche Fortpflanzungsorgane enthalten.

Quellen

Nützliche Websites

powo.science.kew.org (engl.)

worldfloraonline.org (engl.)

www.gartendatenbank.de

www.zimmerpflanzenlexikon.info

www.feey-pflanzen.de

Podcasts

Grün färbt ab (www.podcast.de/podcast/2629885/archiv?page=1)

Plant Daddy plantdaddypodcast.com (engl.)

Bücher

Fran Bailey & Zia Allaway: *Alles über Zimmerpflanzen* (DK, 2019)

David Domoney: *Meine Zimmerpflanze und ich* (DK, 2021)

Pflanzenzubehör

www.baldur-garten.de

www.dehner.de

www.bloomling.de

www.greenmeup.de

Soziale Medien

Instagram @notanotherjungle

Bibliografie

Studien

B. C. Wolverton, Anne Johnson und Keith Bounds: »**Interior Landscape Plants For Indoor Air Pollution Abatement**«; ntrs.nasa.gov/citations/19930073077 (15. September 1989)

Jianjun Chen, Dennis B. McConnell und Richard J. Henny: »**Light-induced coordinative changes in leaf variegation between mother plants and daughter plantlets of chlorophytum comosum 'vittatum'**«; researchgate.net/publication/283372700_Light_induced_coordinative_changes_in_leaf_variegation_between_mother_plants_and_daughter_plantlets_of_chlorophytum_comosum_%27vittatum%27 (November 2004)

Oren Shelef, Liron Summerfield, Simcha Lev-Yadun, Santiago Villamarin-Cortez, Roy Sadeh, Ittai Herrmann und Shimon Rachmilevitch: »**Thermal Benefits From White Variegation of *Silybum marianum* Leaves; Frontiers in Plant Science**«; ncbi.nlm.nih.gov/pmc/articles/PMC6543541 (24. Mai 2019)

»**Department of Environment and Natural Resources IX warns plant poachers on illegal collection of wild plants**«; r9.denr.gov.ph/index.php/news-events/press-releases/1337-denr-ix-warns-plant-poachers-on-illegal-collection-of-wild-plants (14. September 2020)

Min-sun Lee, Juyoung Lee, Bum-Jin Park und Yoshifumi Miyazaki: »**Interaction with indoor plants may reduce psychological and physiological stress by suppressing autonomic nervous system activity in young adults**«; ncbi.nlm.nih.gov/pmc/articles/PMC4419447/ (28. April 2015)

Charles Hall und Melinda Knuth: »**An Update of the Literature Supporting the Well-Being Benefits of Plants: A Review of the Emotional and Mental Health Benefits of Plants**«; cdn.americainbloom.org/wp-content/uploads/2022/01/Well-Being-Benefits-of-Plants-Charlie-Hall-3.pdf

RHS: »**Houseplants: to support human health**«; rhs.org.uk/plants/types/houseplants/for-human-health

Tina Bringslimark, Terry Hartig und Grete Grindal Patil: »**Psychological Benefits of Indoor Plants in Workplaces: Putting Experimental Results into Context**«; journals.ashs.org/hortsci/view/journals/hortsci/42/3/article-p581.xml (Juni 2007)

Ruohan Wang und Zhixiang Zhang: »**Floral thermogenesis: An adaptive strategy of pollination biology in Magnoliaceae**«; ncbi.nlm.nih.gov/pmc/articles/PMC4594551/ (9. März 2015)

Botanische Websites

cactus-art.biz/schede/GEOHINTONIA/Geohintonia_mexicana/Geohintonia_mexicana/Geohintonia_mexicana.htm (nicht mehr online)

janeperrone.com/on-the-ledge/thrips

Register

Kursiv gesetzte Seitenzahlen beziehen sich auf Abbildungen.

N

O, P

Q, R

S

Dank & Bildnachweis

Dank des Autors
Ohne die Unterstützung meines Großvaters Dave und meiner verstorbenen Großmutter Cora hätte sich aus meinem Interesse für Pflanzen und die Natur nicht entwickelt, was ich heute mache. Deshalb bin ich vor allem ihnen zu ewiger Dankbarkeit verpflichtet.

Das DK-Team hat mich durch mein allererstes Buch geleitet und mir geholfen, etwas zu schaffen, worauf ich unglaublich stolz bin. Ein besonderer Dank geht daher an Chris Young für seine Unterstützung während des Entstehungsprozesses sowie an Katie Cowan, Ruth O'Rourke und Lucy Philpott, meinen erstaunlichen Redakteurinnen. Einen weiteren Dank verdient das Designteam von DK: Barbara Zuniga, Maxine Pedliham und Marianne Markham. Zuzusehen, wie das Buch Formen annahm, war etwas ganz Besonderes für mich.

Helena Caldon hat meine Texte lektoriert – mit ihr zu arbeiten war eine Freude. Vor allem danke ich ihr für das Verständnis, das sie für meine Arbeitsweise hatte. Besondere Erwähnung verdient Designerin Vicky Read, die etwas wirklich Schönes geschaffen hat.

Fotograf Jason Ingram hat mit seinen unglaublichen Bildern die Schönheit und Persönlichkeit meiner Pflanzen perfekt eingefangen. Die Shootings waren echte Highlights im ganzen Entstehungsprozess.

Auch danke ich Jo Lightfoot dafür, dass sie das Projekt auf den Weg gebracht hat.

Außerhalb des Buchteams habe ich eine großartige Gruppe aus Pflanzenfreunden, Botanikern und Züchtern, die mich bei dem Projekt und meinen gärtnerischen Ambitionen unterstützt haben. Ich danke jedem Einzelnen von ihnen – ganz besonders aber Mo (@thebotanicalarchive) und Martin (@bigcactusrescue), die mir ein paar Pflanzen für das Fotoshooting anvertraut haben, sowie Rogier (@Rogiervanvugt) für das Bild der blühenden *Amorphophallus* und die Infos über ihre Blüte.

Dank des Verlags
DK dankt Kathy Steer für das Korrektorat, Vanessa Bird für die Erstellung des Registers, Adam Brackenbury für die Reproarbeit und Giulia Garden für das ursprüngliche Designkonzept. Ein weiterer Dank geht an Martin @bigcactusrescue für das Überlassen der auf den Seiten 114 und 115 fotografierten Kakteen und Mo @thebotanicalarchive für die Bereitstellung des *Philodendron spiritus-sancti* von Seite 136.

Bildnachweis
Der Verlag dankt folgenden Personen und Organisationen für ihre freundliche Genehmigung zum Abdruck der Bilder.

(Abkürzungen: o = oben, u = unten, m = Mitte, l = links, r = rechts, g = ganz)

Dreamstime.com: Iakov Filimonov 172; **Getty Images / iStock:** DigitalVision Vectors / Grafissimo 169; **Tony Le-Britton:** 34, 52gor, 52ur, 53, 151, 173, 174–175; **Rogier van Vugt:** 131

Lektorat
Katie Cowan, Lucy Philpott,
Ruth O'Rourke, Helena Caldon
Gestaltung und Bildredaktion
Maxine Pedliham, Barbara Zuniga,
Marianne Markham, Vicky Read
Umschlaggestaltung
Jasmin Lennie
Herstellung
Tony Phipps, Samantha Cross
Illustrationen
SJC Illustration
Fotos
Jason Ingram
Fachberatung
Chris Young

Für die deutsche Ausgabe:
Verlagsleitung Monika Schlitzer
Programmleitung Heike Faßbender
Redaktionsleitung Dr. Kerstin Schlieker
Projektbetreuung Manuela Stern
Herstellungsleitung Dorothee Whittaker
Herstellungskoordination Claudia Rode
Herstellung Claudia Bürgers, Stefanie Staat

Titel der englischen Originalausgabe:
Not another Jungle

Übersetzung Reinhard Ferstl
Lektorat Corina Steffl

ISBN 978-3-8310-4781-9

Druck und Bindung Leo Paper Products, China

MIX
Paper | Supporting responsible forestry
FSC™ C018179

www.dk-verlag.de

Hinweis
Die Informationen und Ratschläge in diesem Buch sind vom Autor und vom Verlag sorgfältig erwogen und geprüft, dennoch kann eine Garantie nicht übernommen werden.
Eine Haftung des Autors bzw. des Verlags und seiner Beauftragten für Personen-, Sach- und Vermögensschäden ist ausgeschlossen.

Über den Autor

Tony Le-Britton ist autodidaktischer Zimmerpflanzenzüchter und eifriger Sammler einiger der seltensten Pflanzen der Welt. Er wuchs im britischen Newcastle auf und wurde dort von seinen Großeltern in die Kunst des Gärtnerns eingeweiht. Das vorliegende Buch – sein erstes – ist der vorläufige Höhepunkt von 30 Jahren Erfahrung als Züchter und Pflanzenkenner. 2020 richtete Tony seinen Instagram-Account @notanotherjungle ein, auf dem er seine Leidenschaft für Pflanzen, seine Pflegeratschläge und atemberaubenden Fotografien mit seinen mittlerweile über 227 000 Followern teilt. Tony lebt derzeit mit seinen zwei Hunden Fig und Bow in Northamptonshire. 2022 eröffnete er seinen ersten Laden, in dem er viele beliebte und ungewöhnliche Zimmerpflanzen anbietet. In der britischen Presse sind bereits etliche Artikel über ihn erschienen, etwa in der *Sunday Times*, im *Mirror* und in *Metro*. Außerdem wurden Reportagen über ihn im Radio und Fernsehen gesendet, vor allem in der BBC-Erfolgsserie *Gardeners' World*. Tony ist nicht nur ein ausgewiesener Pflanzenkenner, er gehört auch zu den renommiertesten Haar- und Beauty-Fotografen Großbritanniens.

NOCH MEHR SPASS UND LESEFREUDE

ISBN 978-3-8310-4740-6

ISBN 978-3-8310-3723-0

ISBN 978-3-8310-4541-9

ISBN 978-3-8310-3783-4